아들아! 밧줄을 잡아라 2

아들아! 밧줄을 잡아라 2

초판 1쇄 인쇄일_2013년 05월 28일
초판 1쇄 발행일_2013년 06월 05일

글_김영식
사진_김지수
펴낸이_최길주

펴낸곳_도서출판 BG북갤러리
등록일자_2003년 11월 5일(제318-2003-00130호)
주소_서울시 영등포구 국회대로 72길 6 아크로폴리스 406호
전화_02)761-7005(代) ㅣ 팩스_02)761-7995
홈페이지_http://www.bookgallery.co.kr
E-mail_cgjpower@hanmail.net

ISBN 978-89-6495-052-4  04980
ISBN 978-89-6495-050-0  (세트)

이 도서의 국립중앙도서관 출판시도서목록(CIP)은 e-CIP홈페이지
(http://www.nl.go.kr/ecip)와 국가자료공동목록시스템(http://www.nl.go.kr/kolisnet)에서 이용
하실 수 있습니다.(CIP제어번호 : CIP2013007043)

2004~2012, 마태오·다니엘 부자의 백두대간 종주기

# 아들아! 밧줄을 잡아라 ②

글 김영식·사진 김지수

북갤러리

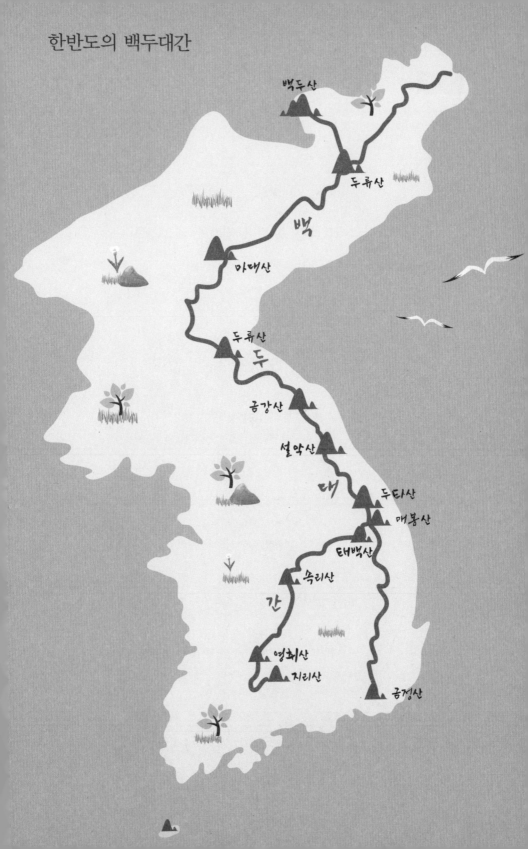

한반도의 백두대간

백두산

두류산

백

마대산

두류산

두

금강산

설악산

대

두타산

매봉산

태백산

속리산

간

영취산

지리산

금정산

# Step 넷. 도중하차는 없다

# Step 다섯. 이 고통은 훗날 약이 되고 큰 힘이 될게다

# Step 여섯. "이제부터 너는 자유다. 세상으로 나아가라."

# 백두대간 종주 산행기록 (2004년~2012년)

(단위 : km, 시간)

| 구간 | 산행구간 | 도상거리 | 소요시간 | 산행일자 | 아들학년 |
|---|---|---|---|---|---|
| 1 | 중산리 ~ 지리산 천왕봉 ~ 벽소령 ~ 노고단 ~ 성삼재 | 25.5 | 20:00 | 2004. 10. 09. ~ 10. 11. | 중 2 |
| 2 | 성삼재 ~ 정령치 ~ 여원재 | 18.15 | 09:45 | 2004. 11. 06. ~ 11. 07. | 중 2 |
| 3 | 여원재 ~ 치재 ~ 중재 | 30 | 17:30 | 2005. 03. 26. ~ 03. 27. | 중 3 |
| 4 | 중재 ~ 영취산 ~ 육십령 | 22 | 10:10 | 2005. 05. 21. ~ 05. 22. | 중 3 |
| 5 | 육십령 ~ 남덕유산 ~ 월성재 ~ 동엽령 ~ 빼재 ~ 소사고개 | 60 | 26:00 | 2005. 07. 23. ~ 07. 25. | 중 3 |
| 6 | 소사고개 ~ 부항령 ~ 우두령 | 40 | 23:20 | 2005. 10. 15. ~ 10. 16. | 중 3 |
| 7 | 우두령 ~ 황악산 ~ 추풍령 | 24 | 13:30 | 2006. 02. 17. ~ 02. 18. | 중 3 |
| 8 | 추풍령 ~ 작점고개 ~ 큰재 | 20 | 09:40 | 2006. 04. 08. ~ 04. 09. | 고 1 |
| 9 | 큰재 ~ 신의터재 ~ 화령재 | 34 | 16:15 | 2006. 06. 09. ~ 06. 10. | 고 1 |
| 10 | 화령재 ~ 비재 ~ 갈령 | 15 | 08:00 | 2006. 07. 30. | 고 1 |
| 11 | 갈령 ~ 속리산 문장대 ~ 밤티재 | 18 | 12:00 | 2006. 08. 15 | 고 1 |
| 12 | 밤티재 ~ 밀재 ~대야산 ~ 버리미기재 | 17.4 | 16:00 | 2006. 10. 03 ~ 10. 04. | 고 1 |
| 13 | 버리미기재 ~ 구왕봉 ~ 은티마을 | 15 | 08:00 | 2006. 11. 25. | 고 1 |
| 14 | 은티마을 ~희양산 ~ 이화령 | 20 | 12:00 | 2007. 02. 04. | 고 1 |
| 15 | 이화령 ~ 조령산 ~ 문경3관문 ~ 하늘재 | 18 | 11:20 | 2007. 02. 25. | 고 1 |
| 16 | 하늘재 ~ 포암산 ~ 대미산 ~ 차갓재 | 20 | 10:00 | 2007. 06. 05. | 고 2 |
| 17 | 차갓재 ~ 황장산 ~벌재 ~ 저수재 | 15 | 09:00 | 2007. 07. 07. | 고 2 |

| 구간 | 산행구간 | 도상<br>거리 | 소요<br>시간 | 산행일자 | 아들<br>학년 |
|---|---|---|---|---|---|
| 18 | 저수재 ~ 도솔봉 ~ 죽령 | 25 | 11:35 | 2007. 08. 06. | 고 2 |
| 19 | 죽령 ~ 소백산 비로봉 ~ 고치령 | 24 | 09:05 | 2007. 10. 13. | 고 2 |
| 20 | 고치령 ~ 미내치 ~마구령 | 8 | 04:20 | 2008. 02. 09. | 고 2 |
| 21 | 마구령 ~ 박달령 ~ 도래기재 | 23.5 | 08:05 | 2008. 04. 05. | 고 3 |
| 22 | 도래기재 ~ 태백산 ~ 화방재 | 26.5 | 10:20 | 2008. 05. 11. | 고 3 |
| 23 | 화방재 ~ 함백산 ~ 피재 | 21 | 09:45 | 2008. 08. 01. | 고 3 |
| 24 | 피재 ~ 덕항산 ~ 댓재 | 26 | 11:00 | 2008. 09. 13. | 고 3 |
| 25 | 댓재 ~ 두타산 ~ 청옥산<br>이기령 ~ 백복령 | 26 | 13:00 | 2008. 11. 22.<br>~ 11. 23. | 고 3 |
| 26 | 백복령~ 석병산 ~ 삽당령 | 18 | 09:10 | 2009. 05. 17. | 대 1 |
| 27 | 삽당령 ~ 닭목재 ~ 대관령 | 26 | 11:00 | 2009. 06. 06. | 대 1 |
| 28 | 대관령 ~ 노인봉 ~ 진고개 | 25 | 10:00 | 2009. 08. 06. | 대 1 |
| 29 | 진고개 ~ 구룡령 ~조침령 | 48 | 23:00 | 2009. 08. 14.<br>~ 08. 15. | 대 1 |
| 30 | 조침령 ~ 점봉산 ~ 한계령 | 21 | 11:00 | 2009. 09. 12. | 대 1 |
| 31 | 한계령 ~ 대청봉 ~ 희운각 | 8.5 | 06:15 | 2010. 11. 03. | 군 휴가 |
| 32 | 희운각 ~ 공룡능선 ~마등령<br>오세암~ 마등령 ~미시령 | 20 | 12:30 | 2011. 10. 17.<br>~ 10. 18. | 군 휴가 |
| 33 | 미시령 ~ 진부령 | 18 | 08:10 | 2012. 05. 20. | 대 2 |

Step 넷.

# 도중하차는 없다

# 18코스 저수령 ~ 도솔봉 ~ 죽령

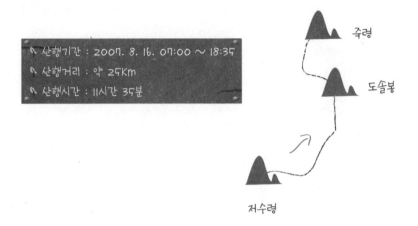

산행기간 : 2007. 8. 16. 07:00 ~ 18:35

산행거리 : 약 25Km

산행시간 : 11시간 35분

죽령

도솔봉

저수령

## 봉아, 봉아, 도솔봉아!

도솔봉은 민초들의 산이다. 민초들에게 도솔봉은 희망이자 위안이다.
삶의 아픈 상처를 어루만져주는 부처님의 손이다.
도솔봉은 인간과 부처가 만나는 곳이다.

사랑하는 사람아!
이 가을날
억새꽃 휘젓는 긴 산바람 자락에
은빛 플롯이 절로 울리는
저 빛빛으로 퉁겨나는 소리 듣느냐?
저문 산녘 역광 속에
금물결 이루는 풀잎새와
이 세상의 산꽃이란 산꽃은 모조리
계절과의 마지막 인사를 하듯

그렇게 쓸쓸하면서도 외롭지만은 않는
마음 한 자락 비워내고 있느냐?

(박영식 시인의 '사랑하는 사람아' 중에서)

8·15 광복절 새벽 2시.
아들이 사라졌다.
핸드폰을 켜니 메일이 와있다.
'아빠, 죄송한데요. 오늘은 진짜 아닌 것 같아요. 기온도 32도래요. 친구
진식이랑 있습니다. 치악체육관이에요. 다음번엔 꼭 갈게요. 부탁드립니다.'
사춘기 아들의 잠적이자 탈출이다.
'야! 이 짜식, 잠수 탔네. 그런데 타이밍이 기똥차네. 불리하면 삼십육계가
제일이지. 냅다 뛰는 것도 공부다. 서운하지만 자식 이기는 부모 없다.'

8월 16일 정오.
또 다시 메일이 왔다.
'열 한 시간 가는 거 좀 줄이면 안 돼?'
'도중하차는 없다.'
'이번 주 날씨 최악인데?'
'최악은 마음속에 있다.'

8월 17일 새벽 4시.
드디어 출정이다.

새벽 6시.
단양 IC를 거쳐 죽령휴게소다.
산안개가 자욱하여 10m 앞도 안 보인다.
매미 수백 마리가 배를 뒤집고 누워있다. 매미들의 떼죽음이다.
뜨거운 여름, 지상에서 불꽃같은 생을 마치고 가을의 문턱에서 조용히 숨
을 거둔다.
죽음을 보는 것은 슬프다. 매미든 인간이든 결국 흘러갈 뿐이다. 삶은 이

슬이요, 불꽃이다.
　단양 대강택시를 타고 저수령으로 향했다.

　아침 7시.
　해발 850m 저수령이다.
　팔다리에 닭살이 돋는다. 바람을 타고 산안개가 물결처럼 출렁인다.
　"와아아~ 신선이 따로 없네."
　"우리는 신선 부자다."
　산은 구름위에 떠 있는 섬이다.
　바람은 구름을 몰고 다니는 요술쟁이다.

　아침 7시 반.
　해가 나기 시작한다.
　하루살이의 움직임이 활발하다.
　매미소리도 크게 들린다.
　생명 있는 것들의 하루가 시작된다.

　촛대봉(1,080m)이다.
　소백산 관광농원과 저수령 뒤로 천주봉과 대간 능선이 물결친다.

하늘이 높다.
제비가 날아다닌다.
표지석 뒤에 글이 새겨져 있다.
　'이 표석은 2002년 10월 18일 산림청 헬기의 도움으로 이곳에 옮겨왔음.'

　"아빠, 너무 오래 쉬면 안 돼."
　"그래, 가자."

아침 8시.
투구봉이다.
잠자리 떼가 날아다닌다.
뭉게구름 사이로 햇빛이 난다.
가을볕에 잠자리 날개가 반짝인다.
잠자리를 향해 손을 내밀었다. 손가락 끝에 잠자리가 내려앉는다. 손끝이
감전된 듯 찌릿찌릿하다. 사람과 잠자리의 아름다운 교감이다.
　"와아아! 멋있다."
　"너도 한 번 해봐라."

아들의 손끝에도 잠자리가 착륙한다.

사랑은 손에서 시작된다
사랑은 손이 하는 것이다
손이 손을 잡았다면
손이 손안에서 편안해했다면……
사랑이 두 사람 사이에서
두 사람 안으로 들어간 것이.

(이문재 시인의 '아직 손을 잡지 않았다면' 중에서)

거미줄이 나타난다.
거미줄에 붙어있는 이슬이 다이아몬드처럼 빛난다.
"아빠, 저런 광경 사진에 담아두면 좋을 텐데."
"그 사진기로는 안 되냐?"
"더 좋은 사진기가 있어야 돼. 엄마가 나 중학교 졸업할 때 사준다고 했는데. 핸드폰 사는 바람에 못 샀어."
"얼만데?"
"80만 원에서 100만 원은 줘야 돼."
사진 촬영을 좋아하는 아들이다.
한때는 방송사 카메라 기자가 꿈이었다.

햇볕 사이로 산안개가 밀려온다.
시원한 바람이 능선을 타고 불어온다.
"아! 바람이 불어서 그나마 다행이야."
"우리 덕유산 지나올 때 그때도 여름이었지."
"그때 2박 3일, 나 진짜 죽는 줄 알았어."

아침 8시 반.
시루봉 (1,110m)이다.
세상은 폭염이지만 산속은 가을이다.

봉은 없고 리본만 나부낀다.
매미와 여치소리가 요란하다
"오늘 사람 볼 수 있을까?"
"아마 만나기 어려울 걸."

오전 9시.
휴식시간이다.
휴식은 달콤하다.
복숭아 맛이 일품이다.
백두대간 숲속에서 매미들의 합창과 풀벌레들의 연주가 시작된다.
일등석은 아니지만 아무려면 어떠랴? 나무가 등받이다. 다리도 쭉 펼 수
있으니 얼마나 좋은가.
아들의 얼굴이 맑고 평온하다.
"다음에는 구인이 데리고 와야지."
"그래, 데리고 와라."
"구인이는 산에 엄청 잘 다녀."
"그래?"
"아! 이럴 줄 알았으면 처음부터 데리고 올 걸."
아들 친구 구인이는 딸 부잣집 막내아들이다.
키도 크고 얼굴도 잘생겨서 아내가 좋아한다.
소백산 구인사에서 불공 드려 낳은 아들이다.
"지수야, 다음번엔 소백산이다. 소백산 구인사를 지난다."
발밑이 촉촉하다.
비 온 뒤 산길은 물먹은 솜이다.
맴맴, 맴맴…….
생은 소리다.
"매미는 왜 우는 걸까?"
"글쎄다."
"그것은 하느님만 아시겠지?"
희노애락애오욕(喜怒哀樂愛惡慾), 매미소리에 칠정(七情)이 들어있다.

깊은 내리막이다.
"얼마나 올라가려고 이렇게 내려가지?"
"겁먹지 마라. 어차피 가야 되는 길이다."

오전 9시 20분.
배재다.
수풀 사이로 빛바랜 이정표가 기울어져 있다. 눈비 맞으며 지나온 세월 탓이다.

오전 9시 40분.
1,058m 봉이다.
에메랄드빛 하늘이다.
맞은 편 솔봉, 묘적봉, 도솔봉이 하늘에 닿아있다.
단양군 대강면 사동리 마을에 가을이 오고 있다.

오전 9시 50분.
싸리재다.
싸리나무 지천이다.
폭염 속에도 산은 시원하다. 이럴 땐 산이 블루오션이다.
몸은 힘들지만 머리는 맑다.

오전 10시 반.
줄 땀이 흐른다.
숲속 나무 사이로 바람이 불어온다. 솔바람에 땀방울이 부서진다.
발밑에서 개미들이 분주하다. 나무 이파리를 물고 부지런히 오간다. 미물들의 삶도 이토록 치열하다. 삶은 치열하고 죽음은 고요하다.

오전 10시 45분.
흙목 정상이다.
경북 예천군 상리면이 산 밑이다.

억새풀 위에 잠자리가 앉아있다. 가만히 포즈를 취한다. 잠자리 모델이다.

하늘이 파아란 것은
가을이 온 탓이라고 해두자
바닥이 빤하도록 비쳐 뵈는
물속 같은 하늘 아래
내 키보다 낮게 잠기어
깊은 생각에 골몰하는 고추잠자리
너는 무어냐?
바람 한 자락 가볍게 스쳐도
금방 울 것 같구나.
　　　　(박영식 시인의 '가을단상' 중에서)

오전 11시.
큰 송전탑이다.
송전탑 밑에 풀이 무성하다. 전기 먹은 풀이 싱싱하다. 풀의 힘은 전기보다
강하다.

오전 11시 40분.
솔봉 오르막이다.
수풀이 키를 넘는다.
얼굴과 팔을 할퀸다. 팔에서 피가 묻어난다. 쑥 이파리로 문지르니 금세 피
가 멎는다.
단순하고 지루한 잡목 숲이 이어진다. 대간 산행은 지루함을 견디는 일
이다.

낮 12시.
솔봉(1,102.8m)이다.
오랜만에 봉다운 봉이다.
볕이 훅훅 달아오른다. 바람 한 점 없다. 나무 이파리가 축 처져 있다.
얼굴에서 땀이 뚝뚝 떨어진다. 땀 냄새를 맡고 하루살이가 달려든다.

낮 12시 반.

허기가 진다.

아내가 손수건으로 꽁꽁 싸준 도시락을 꺼냈다. 흰쌀밥과 계란말이, 김치, 고추, 된장이 나온다.

물 말은 밥에 풋고추와 된장은 기막힌 궁합이다. 입 안이 얼얼하고 눈물에다 콧물까지 흘러나온다. 그래도 꿀맛이다.

"아빠, 진짜 맛있다."

"산에 오면 다 맛있다."

맛있는 밥을 먹고 나니 춥다. 세상은 폭염주의보라는데 산속은 춥다. 이럴 때 대간 숲은 황제의 궁전이다.

"야, 너 대학은 무슨 과 갈래?"

"국문과."

"국문가 가서 뭐 하려고?"

"기자."

"방송 기자, 아니면 신문 기자?"

"하여튼 기자할래."

아들은 기자가 꿈이다.


오후 1시.

묘적령으로 출발이다.

길 옆 의자에 사람이 앉아있다.

오늘 처음 보는 사람이다.

예천군 상리면 석묘리 장재영 씨다. 그는 심마니다. 어제는 더덕 큰 것 3뿌리를 캤다고 자랑이다. 예천군 곤충 엑스포에 10만 명이 다녀갔다고 했다.

예천군 상리면 고항리 폐교 분교에는 곤충 연구소가 있다. 그는 디카에 담아둔 산삼 사진도 보여준다. 잠시 쉬어 가라고 한다. 무척이나 외로운가 보다.

울지 마라. 외로우니까 사람이다
살아간다는 것은 외로움을 견디는 일이다
공연히 오지 않는 전화를 기다리지 마라
눈이 오면 눈길을 걷고,
비가 오면 빗길을 걸어가라
갈대숲에서 가슴 검은 도요새도 너를 보고 있다
가끔은 하느님도 외로워서 눈물을 흘리신다.

(정호승 시인의 '외로우니까 사람이다' 중에서)

땅이 훅훅 달아오른다. 지열이 얼굴에 닿자 땀이 송송 솟는다.
불은 물이 되어 흙으로 돌아간다.
오행의 중심에는 흙(土)이 있다.
화극금 금극목 목극토 토극수 수극화
화생토 토생금 금생수 수생목 목생화
흙은 오행의 상생과 상극을 주관한다.

오후 1시 반.
묘적령이다.
두 갈래 길에서 독도를 한다.
나침반과 지도를 펼쳤다. 동쪽은 예천군 봉현면 고향치요, 서쪽은 단양군
대강면 사동리다.
묘적령은 예천과 단양을 가르는 아름다운 고개다.

오후 2시.
줄 땀이 흐른다.
묘적봉 오르막길이다.
잡목과 풀이 키를 넘는다.
풀에 긁혀 얼굴과 팔에서 피가 난다.
지열과 햇볕을 온몸에 받으면서 우리는 길을 향해 나아간다.

구절리 가는 길에 나는 내게 물었다

사는 일이 산~길 산~길
구구절절 돌아가듯
그렇게 살아지는 거냐고?
그냥 그뿐이냐고?
일상의 고단함을 몸째 기대오는 그대여!
우리의 그리움도 저 산 빛에 놓아야 하리
아득한 삶의 구비마다 젖어오던 눈물도

(박시교 시인의 '구절리 가는 길' 중에서)

묘적봉(1,148m)이다.
돌탑과 철판 이정표가 조화롭다.
돌탑 위에 잠자리가 앉아있다.
왼쪽 무릎과 오른쪽 뒤꿈치가 아프다.
해발 1,000m에도 바람 한 점 없다. 이쯤 되면 도시는 펄펄 끓는 용광로다.

오후 2시 40분.
사람이 나타난다.
오늘 만나는 두 번째 사람이다.
진부령에서부터 21일째 산행중인 대간꾼이다. 쉰서너 살 된 전주 사람이다.
군살 하나 없이 날씬한 몸에 눈빛이 강렬하다.
"선생님, 물 좀 있습니까?"
"물 한 병 드릴까요?"
"이거 미안해서 어쩌지요."
"괜찮습니다."
"너무너무 감사합니다."
그가 물병을 받아서 물통에 옮겨 담는다.
"추석 전에는 지리산에 도착할 수 있겠지요?"
"아! 그럼요. 충분하지요."
"함백산을 지나오다가 탈진해서 쓰러졌습니다. 그때 서러움이 복받쳐 엉엉
울었습니다. 식량이 떨어지면 길 따라 마을로 내려가서 햇반도 사고 반찬도

사서 배낭에 넣고 다시 산으로 올라왔습니다."

"아니, 가족이 보고 싶지 않습니까?"

"왜 안 보고 싶겠어요? 그러나 이제 반쯤 왔으니 다 온 셈이지요."

"고생이 많습니다."

"고생이 아니라 고행이지요. 백두대간 별거 아닙니다. 그냥 백두대간 한 번 해봤다 그거지요."

"대단하십니다."

"아닙니다. 오늘 주신 물 정말 고맙습니다. 야 아들, 힘내고 꼭 완주해라!"

"선생님도 힘내시고 꼭 완주하세요!"

우리는 굳은 악수를 나누며 헤어진다.

산꾼들의 인사는 짧고 명료하다.

나는 그의 시간이 부럽고, 용기와 건강이 부럽다.


인생을 60분이라고 한다면 최상의 컨디션으로 전력 질주할 수 있는 시간이 사람마다 다를 순 있겠지만 세상을 먼저 산 선배들은 그것이 채 10분을 넘기기 어렵다고 한다.

그 전력 질주하는 10분 남짓한 시간을 가리켜 우리는 전성기라고 부른다.

올해 71세의 전설적인 앵커맨 봉두완 씨는 기자로, 정치인으로, 교수로 살아보았지만 그래도 자기 인생의 절정이자 전성기는 지금은 없어진 동양방송(TBC)에서 앵커맨으로 마이크 잡고 떠들 때였다면서 호방하게 웃는다.

박정희 대통령 시절 청와대 대변인과 문공부 장관을 지낸 김성진 씨는 자신의 회고담에서 박 대통령의 입으로 산 9년이 자기 인생의 알짜배기요, 전성기라고 말했다.

삶은 전성기를 향해 전력 질주하도록 본능적으로 프로그래밍되어 있다.

그리고 그 인생의 절정기를 지나면 마치 사정하고 난 뒤 고개 숙인 남자처럼 수그러진다.

(2006년 10월 8일자, 〈중앙일보〉, '정진홍의 소프트 파워' 중에서)


나도 언젠가 백두대간 연속 종주에 도전해 보고 싶다.

"아빠, 저 아저씨한테서는 뭔가 힘이 느껴져."

"야 인마, 그걸 보고 내공이라고 하는 거야."

"야아! 진짜 대단한 아저씨다."

"앞으로 힘들다는 소리는 꺼내지도 마라."

아들도 대간 다니면서 관상쟁이가 다 됐다.

도솔봉 나무계단이 나타난다. 백팔번뇌 108 계단이다. 계단마다 인간의 번뇌가 담겨있다. 땀방울이 뚝뚝 떨어져 계단을 적신다.
 "와아아! 도솔봉이다."
 하늘이 열리고, 산이 열린다. 일망무제(一望無際)다. 사방이 탁 트인다.
 파란 하늘 뭉게구름 아래 산이 물결친다. 산 물결이 파도처럼 눈 속으로 빨려든다.
 "와아아! 아빠, 대단하다. 말도 못하겠다."
 이럴 때 인간의 언어는 공허하다.
 돌탑 뒤로 소백산 연화봉과 국망봉으로 이어지는 산 능선이 그림처럼 펼쳐진다.

백두대간 도솔봉(1,314.2m).
 '국태안민(國泰安民) 부산 산사람들'이 세운 표지석이 멋지다.
 도솔봉은 도솔천이 머무는 곳이다.
 도솔천은 장차 부처님이 될 미륵보살이 사는 곳이다.
 도솔봉은 민초들의 산이다. 민초들에게 도솔봉은 희망이자 위안이다.
 삶의 아픈 상처를 어루만져주는 부처님의 손이다.
 도솔봉은 인간과 부처가 만나는 곳이다.

파란 하늘아래 구름이 흘러간다.
서산대사의 시가 생각난다.

생야일편 부운기(生也一片 浮雲起)요,
사야일편 부운멸(死也一片 浮雲滅)이다.
삶은 한 조각 구름이 일어나는 것이요,
죽음은 한 조각 구름이 흩어지는 것이다.

풍기읍 전경을 바라보며 하산을 서두른다.
하산 길에 땀이 한 말이다.
복숭아와 물로 허기를 달랜다.

오후 4시 반.
산행 9시간째다.
이젠 땀도 나오지 않는다. 허연 소금기가 얼굴에 말라붙었다.
햇볕도 위력이 약해졌다.
바람 한 점 없다.
하늘은 높고 도솔봉은 푸르다.
"지수야, 도솔봉 언제 다시 오겠냐. 우리 사진 한 번 찍자."

크고 작은 무명봉을 넘고 넘어도 죽령은 보이지 않는다.
애고 애고 도솔천아! 죽령이 어드메냐?

길옆에 토끼 덫이 놓여 있다. 쇠줄로 엮은 끈이다. 이 끈에 묶여서 몸부림치다 죽어간 수많은 토끼들의 영혼이 보이는 듯하다.

덫을 저 멀리 던져버렸다. 토끼들의 영혼이 좋아라 소리치는 것 같다.


개들은 친구의 풍장을 그냥 보고만 있지 않았다.

대구 달성군 마을 앞길을 개들이 건너다 그 중 한 마리가 화물차에 치었다. 개는 화가 치민 듯 지나는 차에 달려들어 범퍼를 물어뜯으려 한다. 개들은 길 복판 친구의 사체 곁에 버티고 서서 지킨다. 그러다가 비슷한 트럭이 지나갈 때마다 쫓아가며 매섭게 짖어댔다.

(2007년 2월 26일자, 〈조선일보〉, '만물상' 중에서)


"아빠, 토끼에게도 영혼이 있을까?"

"만유개불성(萬有皆佛性)이다."

모든 만물에는 부처님의 성품이 있다.

사람은 토끼를 잡아먹고 죽은 토끼는 사람의 몸속에서 부활한다.

삶은 희극이자 비극이다.


오후 5시 10분.

환봉산 삼거리다.

죽령과 도솔봉 환봉산 갈림길이다.

고도가 1,000m로 낮아진다.


오후 5시 50분.

두 무릎이 콕콕 쑤신다.
그래도 어쩌랴? 우리는 걸어야 한다.
해가 기운을 잃고 서산으로 떨어진다.
죽령 암반수다. 바위틈에서 새어나오는 천연수다. 물맛이 몹시 차고 달다.

오후 6시 반.
드디어 죽령이다.
제18구간 25km, 11시간 35분.
아들과 어김없이 악수와 포옹이다.
"김지수, 수고했다."
"아빠도."
아들 표정이 환하다.
눈을 감고 주모경을 바쳤다.
몸에서 긴장이 풀리자 피로가 몰려온다. 몸이 천근만근이다.
그래도 죽령 표지석 앞에 서자 활짝 웃는 아들이다.

표지석 뒤에 글이 새겨져 있다

옛날 어느 도승이 짚고 가던 대지팡이를 꽂은 것이 살아났다 하여 지어진 이름으로서 신라 아달왕 5년(158년) 사람이 통할 수 있게 만들었으며, 서쪽 사면은 충주호로 흘러드는 죽령천의 상류 하곡과 연결된다.

소백산을 넘는 죽령은 문경새재 추풍령과 함께 영남의 삼관문의 하나로 그 중에서 으뜸으로 꼽혀왔다.

(2006년 12월 6일, 산림청·경상북도·영주시·국립공원관리공단 소백산사무소)

단양휴게소다.
배에서 꼬르륵 소리가 난다.
떡라면과 밥 4공기로 허기를 달랬다. 밥알 하나 남기지 않고 맛있게 먹는 아들이다. 자식 입에 밥 들어가는 것을 보는 일은 행복하다.

아들아!
내가 너에게 줄 것이라곤 아무것도 없다
한판 세상을
독한 이처럼 모질게 살지 못한
허약함도 없잖아 있지만
값으로 치자면 서푼어치도 되지 않는
몇 권 자작 시집 노트와
나와 동시대를 고뇌한
뭇 시인들의 간절한 유언 같은
혜존(惠存)의 증정본이 서가에 즐비할 뿐
달리 줄 것이 없다
그러나 아들아!
부끄러우면서도 부끄럽지 않는
나의 이 허전한 유산을
너는 헤아려 주겠니?
참되게 헤아려 주겠니?
아들아!

(박영식 시집 《사랑하는 사람아》 중에서)

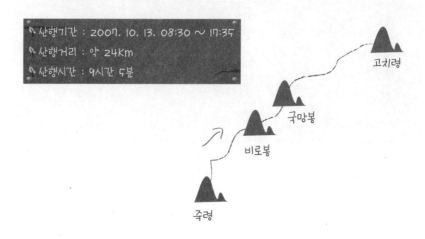

# 19코스 죽령 ~ 비로봉 ~ 국망봉 ~ 고치령

- 산행기간 : 2007. 10. 13. 08:30 ~ 17:35
- 산행거리 : 약 24km
- 산행시간 : 9시간 5분

고치령

국망봉

비로봉

죽령

# 아들 친구 구인이

구인이가 고맙다고 했다. 고맙다는 말에 눈물이 난다.
고생스러웠을 텐데 고맙다니 이 무슨 말인가?
갑자기 현기증이 난다. 어지럽다. 털썩 주저앉았다.
남아있던 기운이 모두 빠져 나간다.


"아빠, 구인이도 따라 간데."
"그래, 진짜냐?"
"그럼, 진짜지."
"야아~ 참 잘됐네. 야, 그런데 구인이 신발 몇 미리 신냐?"
"265미리."
"내 신발이 구인이한테 맞을까?"
"맞겠지 뭐."
"구인이가 잘 갈 수 있을까?"
"걔는 나보다 더 잘 가."

"이번에 테스트 해봐야 알지?"

"아빠보다 내가 더 잘 알아."

"네가 어떻게 더 잘 아냐?"

"친구니까."

"언제 11시간 걸어봤냐?"

"걱정 마, 구인이는 확실해."

구인이는 아들 친구다.

키도 크고 얼굴도 잘생긴 미남이다. 말 수도 적고, 예의도 반듯하다. 위로 누나가 여섯이고 녀석이 막둥이다.

아버지는 환갑이 넘었고, 엄마는 쉰다섯이다.

딸 부잣집에서 막내로 태어났으니 귀한 아들이다.

아내가 구인이 엄마한테 전화를 했다.

"걱정 마세요. 우리가 다 준비했으니 그냥 보내세요."

"아니, 미안해서 어쩌지요?"

"괜찮습니다. 우리가 다 알아서 합니다."

아내는 소고기를 볶아서 반찬을 만드는 등 부산하다.

집은 완전히 축제 분위기다. 아들은 좋아서 싱글벙글이다.

구인이가 검은 봉지를 들고 들어온다.

"구인아, 그거 뭐냐?"

"이거요, 감이에요. 엄마가 산에 갈 때 간식으로 먹으라고 싸줬어요."

아들 방으로 들어간 구인이는 도란도란 얘기를 나누다가 이내 잠이 든다.

나는 며칠째 계속되는 음주에 녹초가 되곤 했다.

넘어야 될 것은 산만이 아니다. 산보다 인간의 등쌀이 더 힘들다.

완장은 인간의 진면목을 가린다. 산 사람은 고집이 세지만 순수하고 의리가 있다. 그래서 나는 산 사람이 좋다.


이튿날 새벽 3시 반.

아내가 일어났다.

곤하게 잠든 아이들을 조금이라도 더 자게 하려고 고양이 발걸음으로 주방을 왔다 갔다 한다. 부모 마음은 이렇듯 애틋하다.

아이들도 일어났다.
배낭을 메고 집을 나섰다.
새벽 찬 기운에 으슬으슬 몸서리가 난다.

풍기 IC를 빠져나와 순흥으로 향했다.
사과나무에 사과가 주렁주렁 달려있다.
《나의 문화유산 답사기》 유홍준 선생의 사과나무 사랑은 각별하다.

나는 언제나 내 인생을 사과나무처럼 가꾸고 싶어 한다.
어차피 나는 세한삼우(歲寒三友)의 송죽매(松竹梅)는 될 수가 없다. 그런 고고함, 그런 기품, 그런 청순함이 타고 나면서부터 없었고 살아가면서 더 잃어버렸다.
그러나 사과나무는 될 수가 있을 것 같다.
사람에 따라서는 사과나무를 사오월 꽃이 필 때가 좋다고 하고, 시월에 과실이 주렁주렁 열릴 때가 좋다고 할 것이다. 그러나 나는 잎도 열매도 없는 마른 가지의 사과나무를 무한대로 사랑하고 그런 이미지의 인간이 되기를 동경한다…….
……
사과나무의 힘은 마른 줄기의 늦가을이 제격이다…….
세상에 느티나무 뽑을 장사는 있어도 사과나무 뽑을 장사는 없다.

단산면을 지나니 좌석리다. 좌석리는 대간 마을 중에서도 손꼽히는 산골이다.
고치령 오르막은 가파르다.
"와아! 길이 엄청 험하네."
"눈이 오면 꼼짝도 못하겠네."
아이들은 요즈음도 이렇게 깊은 산골이 있다는 게 신기한가 보다.

아침 7시 10분.
고치령이다.
산신각 앞이다. 소백산과 태백산 산신령을 모신 곳이다. 장승목과 산신각이 조화롭다.
송이 캐러 가는 풍기사람 두 명이 다가온다.
"어디까지 가니껴?"

"죽령까지 갑니다."

"백두대간 다니는교?"

"예."

"자들은 아들인기요?"

"아들과 아들 친굽니다."

"야아! 부럽네요. 우리집 아새끼는 한 발짝도 안 움직인다카이요. 새끼가 마 때려 직인다캐도 안 따라온다요. 야들은 진짜 착하네. 그럼 잘 댕겨가이소. 학생! 아버지 잘 따라댕기거래이."

"네! 아저씨, 잘 다녀가세요."

아이들이 머리 숙여 깍듯하게 인사한다.

아침 8시.

고치령으로 단양 대강택시가 올라온다.

'대간꾼의 발' 이준국 기사다.

"오래 기다리게 해서 미안합니다. 내 이름은 〈조선일보〉 백두대간 책에도 올라있어요. 대간 타는 사람들한테 고맙고 감사하지요."

고마움을 아는 사람은 겸손하다.

아침 8시 반.

죽령이다.

아침 햇살이 고갯마루에 하얗게 부서진다.

햇살을 받으며 더덕과 인삼을 펼쳐놓고 수다를 떠는 아줌마들의 표정이 환하다.

국립공원 탐방센터의 '시인마을' 목판이 이채롭다. 관리사무소를 탐방센터로 바꾸고 시집까지 갖춰놓았다. 그러나 저 시집을 누가 볼까 싶다.

국립공원에 입장료가 없으니 뭔가 허전하다.

탐방센터 직원이 환하게 웃으며 다가온다.

"어디까지 가십니까?"

"고치령까지요."

"너무 늦지 않았습니까?"

"부지런히 가야지요."
"해 떨어지면 위험하니까 중간에 빨리 내려오세요."
"알겠습니다."

연화봉 오르막은 시멘트 포장길이다. 포장길은 찻길이요, 흙길은 사람 길이다. 매미도 잠자리도 보이지 않는다. 곤충들이 자취를 감추었다. 가을은 침묵과 성찰의 계절이다.
'하느님! 바보 마태오를 불쌍히 여기소서!'

고(故) 김수환 추기경도 자신을 바보라고 했다.

"있는 그대로 인간으로서, 제가 잘났으면 뭐 그리 잘났고, 크면 얼마나 크며, 알면 얼마나 알겠습니까? 안다고 나대고, 어디 가서 대접받길 바라는 게 바보지. 그러고 보면 내가 제일 바보같이 산 것 같아요."
"그렇다면 어떤 삶이 괜찮은 삶인가요?"
"그거야 누구나 다 아는 얘기 아닌가? 사람은 정직하고 성실하고 이웃과 화목할 줄 알아야 해. 그리고 어려운 이웃을 도울 줄 알고 양심적으로 살아야 해. 그걸 실천하는 게 괜찮은 삶 아닌가?"

(2007년 10월 18일, '동성중고 100주년 기념전 개막식'에서)

벼도 익으면 고개를 숙인다.
하느님 눈에는 바보가 천사다.

오전 10시.
송신탑을 지나자 제2 연화봉이다.
온산이 벌겋다. 만산홍엽(滿山紅葉)이다.

처연한 아름다움이다.
단풍은 나뭇잎의 장렬하고도 슬픈 예식이다.
단풍을 보고 아이들의 입이 딱 벌어진다.
"와아아! 진짜 멋있다."

"와아아! 진짜 대단하다."

"사진기가 아무리 좋아도 사람의 눈을 따라가지는 못해요. 사람의 눈은 수억만 화소라고 합니다. 사람의 눈이 최고의 사진기죠."

그는 들꽃을 찍는 사진작가다. 죽령에서부터 앞서거니 뒤서거니 한다.


오전 10시 반.

소백산 천문대다.

우리나라 천문대의 원조는 첨성대다.

첨성대에 관한 기록은 '삼국유사'에 처음으로 등장하는데,

"선덕여왕 때 돌을 다듬어 첨성대를 쌓았다"고 기록되어 있다.

'세종실록'과 '동국여지승람'에도 첨성대가 소개된다.


첨성대의 높이는 9.11m이고, 29단의 돌로 쌓았다. 밑바닥 지름은 4.93m, 윗지름은 2.85m이다. 정남쪽으로 나있는 정사각형 창문의 크기는 한 변이 91cm이다. 창 밑 내부는 흙으로 채워졌고, 창 위는 비어 있다.


소백산 천문대는 일반인에게 개방되고 있다.


아들과 구인이가 100m 가량 앞서간다.

젊음은 직선이요, 늙음은 곡선이다.

직선은 빠르고, 곡선은 느리다.

오전 11시 반.
비로봉과 국망봉이 그림처럼 펼쳐진다.
낙타 등 같은 산 능선이 끝없이 이어진다.
바람이 차다.
바위에 걸터앉아 소백산 풍광에 빠져든다.
새빨간 사과가 아이들의 입속으로 들어간다. 사과를 먹으며 아이들이 환하
게 웃는다.
"Lets Go! Lets Go!!"
아이들이 일어나며 영어로 소리친다.
산 다람쥐 같은 아이들이다.

오전 11시 50분.
풍 맞은 사람이 지나간다.
한 쪽은 못쓰지만 한 쪽으로 땀 흘리며 걷는다.
두 발 모두 의족을 하고 지팡이로 걷는 사람도 있다.
육신의 장애를 넘어선 인간승리다.

가을에는 작은 등불을 들고
사막으로 걸어가 기도하라
굶주린 한 소년의 눈물을 생각하며
가을에는 홀로 사막으로 걸어가도 좋다
가을에는 산새가 낙엽의 운명을 생각하고
낙엽은 산새의 운명을 생각한다
가을에는 버릴 것을 다 버린 그런 사람이 무섭다
사막의 마지막 햇빛 속에서
오직 사랑으로 남아있는 그런 사람이 더 무섭다.

(정호승 시인의 '가을 편지' 중에서)

산은 어머니의 품속이다.
그들은 소백의 넉넉한 품에 안겨 힘을 얻는다.

낮 12시 20분.
소백산 최고봉인 비로봉(1,439m)이다.
앞으로는 국망봉이요, 뒤로는 죽령 넘어 도솔봉이다.
산 물결이 파도친다. 산 첩첩, 구름 첩첩 사무치도록 장엄한 광경이다.
단풍든 소백은 금수강산이다.

"구인아, 어떻냐?"
"와아! 너무 멋있는데요."
표지석에 서거정의 감회가 남아있다.

태백산에 이어진 소백산 백 리에 구불구불 구름 산이 솟았네. 뚜렷이 동남의 경계를 그어
하늘땅이 만든 형국 억척일세.

방랑시인 김삿갓도 감탄시를 남겼다.

그림 같은 강산은 동남으로 벌려있고 천지는 부평같이 밤낮으로 떠 있구나.
지나간 모든 일이 말 타고 달려오듯 우주 간에 내 한 몸이 오리마냥 헤엄치네.

"모두 자제분이세요? 야! 대단하시네요. 부럽습니다."
사진 찍는 젊은이가 부러워한다.
산꾼들에게 부자 대간 산행은 로망이다.
아이들이 뛰듯이 걷는다. 뒤따라가기가 버겁다.
숨이 차고 무릎이 따끔거린다.
그래도 행복한 산행이다.

낮 12시 40분.
국망봉 가는 길 편평한 풀밭이다.
라면 끓이는 것은 아이들 몫이다.
라면 냄새가 바람을 타고 퍼져 나간다.

지나가는 사람들이 군침을 삼킨다.
소고기볶음, 동그랑땡, 김, 계란말이 등등 진수성찬이다.


애들아 소풍가자
해지는 들판으로 나가
넓은 바위에 상을 차리자꾸나
붉은 노을에 밥 말아 먹고
빈 밥그릇에 별도 달도 놀러오게 하자
살면서 잊지 못할 몇 개의 밥상을 받았던 내가
이제는 그런 밥상을
너희에게 차려줄 때가 되었나보다
가자, 애들아. 저 들판으로 가자
……
언젠가 오랜 되새김질 끝에
네가 먹고 자란 게 무엇인지 알게 된다면
너도 네 몸으로 밥상을 차릴 때가 되었다는 뜻이란다
그때까지는, 그때까지는
저 노을빛을 이해하지 않아도 괜찮다
다만 이 바위 위에 둘러앉아 먹는 밥을 잊지 말아라.

(나희덕 시인의 '소풍' 중에서)

밥상에 여치도 끼어든다.

녀석이 좀처럼 물러서지 않는다. 밥을 떠서 던져주자 천천히 물러선다.

소백산 여치의 빛나는 승리다.

"저는 라면만 먹으면 콧물이 나와요."

"너는 폐활량이 좋은가 보다."

밥을 먹고 아이들이 또 뛰어간다.

지나가는 사람들이 놀라서 쳐다본다.

"애들 참 빨리 가네."

"아직 젊으니까 그래."

"참 좋은 나이다."


오후 2시.

국망봉(1,420.8m)이다.

신라 경순왕의 아들 마의태자가 엄동설한에도 베옷 한 벌만 걸치고 이곳에 올라서 옛 도읍 경주를 바라보며 하염없이 눈물을 흘렸다는 고사가 전해지는 곳이다.

들꽃 사진작가가 먼저 와 있다.

그가 깎은 배를 들고 천천히 다가온다.

과도로 배를 잘라서 아이들에게 나눠주며,

"학생, 삼각점 하나 만드는 데 돈이 얼마나 들까?"

"글쎄요?"

"약 2천만 원 든다고 하네. 조금 전에 국립지리원 사람들이 여기서 무슨 행사 하고 갔어."

아들은 그가 목에 걸고 있는 큰 사진기를 보고,

"아빠, 나도 저런 사진기 하나 사줘."

"야 인마, 저 사진기가 얼마나 비싼데."

"이 사진기 니콘 카메라 정품인데요. 렌즈 값만 90만 원이에요. 렌즈 값이 더 비싸요."

순간 아들의 입이 벌어지고 눈이 동그래진다.

"저도 사진기를 목에 걸고 다니기 시작한 지는 얼마 안 됐어요. 학생, 너 어느 고등학교냐?"

"원주 진광고요."

"아! 그래. 그러면 몇 회냐?"

"지금 34회요."

"나는 6회야."

"아! 그래요."

아이들 눈이 동그래지고 얼굴이 환해진다.

"지금은 서산에 살고 있지만 고향에 자주 내려간다. 너희들 수학 가르치는 강승근 선생님 아냐?"

"예! 알아요."

"그 선생님 내 친구다."

"학교 가거든 안부 좀 전해주라."

"죄송하지만 선배님 성함은?"

"나는 황희권이야."

소백산 국망봉 앞에서 진광고 동문회가 열린다.

선후배가 정답게 표지석 앞에서 찰칵!

세상은 좁아서 몇 다리만 건너면 다 아는 사람이다. 그러니 남하고 절대 원수지면 절대 안 된다. 원수는 외나무다리에서 만난다고 하지 않는가.


상월봉 가는 길은 고요하고 평화롭다.

억새풀이 바람에 흔들린다.

가을볕에 풀잎이 반짝인다.

나뭇잎은 거울이다.


"선생님, 이거 무슨 꽃인지 알아요?"

"그거 들국화 아닙니까?"

"들국화는 우리말이 아니고요. 산 구절초가 맞습니다."

사진작가는 디카로 꽃 사진 찍는 법을 알려준다.

그는 고향을 떠나 충남 서산에 자리 잡은 지 17년이 되었고, 고향이 그리워 1992년도부터 원주 적악산악회 사람들과 자주 만나고 있다고 했다.

"고향에 내려와 살려고 해도 그게 잘 안 되네요. 늦가을 치악평전이 보고 싶어요."

오후 2시 50분.

늦은맥이재다.

세 갈래 길에서 그는 구인사로, 나는 마당치로 향한다.

헤어지기 전 그가 허리를 굽혀 깊이 절했다.

그의 투박한 손에서 온기와 사랑이 느껴진다.

"황희권 선생님! 참 좋은 인연이었습니다."

"선생님도 부자 대간 종주 무사히 마치시길 빕니다."

"인연이 있으면 또 만나겠지요."

낙엽 진 산은 적막하고 허허롭다.

앞서간 아이들 소리는 들리지 않는다.

혼자서 길을 간다. 외로움이 엄습한다. 사는 일은 외로움을 견디는 일이다.

오후 3시 10분.

잡목지대에서 아이들을 만났다.

"아빠, 그 아저씨 왜 안와?"

"구인사로 갔어. 너희들 찾던데?"

"인사드렸어야 하는데……."

"후회해도 소용없다. 인연이 저기까지뿐인 걸."

"살다가 또 만날 수 있으려나?"

"인연이 있으면 또 만나겠지……. 그런데 구인아! 너 이름 구인사와 무슨 연관이 있냐?"

"예! 구인사 스님이 지어줬어요."

"아! 그래. 너 그러면 구인사 가봤냐?"

"예. 엄마 따라 몇 번 가봤어요."

구인이는 누나가 여섯 명이다.
엄마와 누나들이 모두 산에 가라고 권했다고 한다.


오후 3시 50분.
헬기장 공터다.
충북 단양군 영춘면과 경북 풍기군 단산면 경계다.
도토리가 사방에 떨어져 있다.
다람쥐가 도경계를 쉴 새 없이 넘나든다.
도토리를 물어 나르는 다람쥐 볼이 볼록볼록하다.
　"구인아, 간식 먹을래?"
　"아니요."
　"고치령까지 6.1km면 얼마나 걸리지?"
　"빨리 가면 2시간, 천천히 가면 3시간."
　"아빠, 그러면 우리 먼저 갈게."
　"가다가 세 갈래길 나오면 그냥 앉아있어라. 길 잘못 들면 밤새도록 헤맨
다."
　아이들의 속보가 시작된다.
　친구 한 명만 있어도 저렇게 잘 가는데 아빠하고 둘이 가면 늘 뒤처지는
아들이다.
　아이들이 나는 듯 걸어간다.

오후 4시.

길옆에 천남성이 피어있다.

빨갛고 노랗게 홀로 서 있다.

화려하고 예쁜 꽃은 독이 있다.

꽃이나 사람이나 마찬가지다. 천남성은 지금 생의 절정을 지나고 있다. 사람도 꽃도 박수칠 때 떠나야 한다.


오후 4시 반.

1,031m봉이다.

해가 떨어진다.

땀이 식자 몸이 으슬으슬하다.

산에는 어둠이 빨리 찾아든다.

"앞으로 1시간 지나면 깜깜해진다. 배낭에 랜턴을 넣어두었으니, 가다가 어두워지면 꺼내 써라."

"야, 빨리 가자."

아이들 걸음이 빨라진다. 나도 숨이 가빠진다. 또다시 무릎이 따끔거린다.

허기가 지면서 기운이 떨어진다. 따뜻한 목욕탕과 된장국 생각이 간절하다.

어둠이 스멀스멀 밀려온다.


오후 4시 45분.

마당치(1,032m)다.

이정표는 없지만 지도를 보고 짐작한다.


오후 5시.

형제봉과 고치령 갈림길이다.

고치령 1.9km, 앞으로 1시간이다.

"와아아! 이제 다 왔다."

"야, 좀 천천히 가라."

그러나 아이들은 또 뛰어간다.

오후 5시 20분.
쉼터에 아이들이 앉아있다.
"야, 많이 기다렸냐?"
"좀 기다렸어."
나이는 못 속인다. 청출어람이다. 아이들이 훨씬 낫다.
"구인아, 약골은 대간 못 오겠제?"
"예! 좀 그래요."
"어떻냐, 힘드냐?"
"아니요. 괜찮아요."
"느낌이 어떻냐?"
"아무 생각 없어요."
아이들도 지친 기색이 역력하다.
바쁜 하산길이다.
아이들이 쏜살같이 내려간다.
또 다시 무릎이 따끔거린다. 발가락에도 물집이 잡혔다.

오후 5시 35분.
드디어 고치령이다.

아이들이 두 팔을 들고 소리친다.

"와아아! 해냈다."

"아아아! 뿌듯하다."

뿌듯하고 기분 좋은 느낌이 온몸에 퍼진다.

아이들과 악수를 나누고 차례 차례 껴안았다.

"김지수, 수고했다."

"웅! 아빠도."

"구인아, 정말 수고했다."

"예, 고맙습니다."

구인이가 고맙다고 했다. 고맙다는 말에 눈물이 난다. 고생스러웠을 텐데 고맙다니 이 무슨 말인가?

갑자기 현기증이 난다. 어지럽다. 털썩 주저앉았다. 남아있던 기운이 모두 빠져 나간다. 육신에 뼈와 거죽만 남은 듯하다.

일어서는데 다리가 휘청한다.


고치령 산신각이다.

고치령은 소백산과 태백산을 잇는 큰 고개다.

산신각에는 양백 산신령이 모셔져 있다.

"얘들아! 너희들의 아름다운 우정, 오래도록 변치 마라. 어렵고 힘들 때 서로 돕고 살아야 한다. 오늘 함께한 이 아름다운 산행, 오래도록 기억해라."


승용차에 시동을 걸었다.

"야, 느낌이 어떠냐?"

"아! 그냥 엄청 좋아."

"저는요, 엄청 뿌듯해요."

아이들 표정이 힘차고 생기있다.


오후 6시 20분.

고치령계곡에 어둠이 깔린다.

차를 길옆에 세우고 계곡물로 들어갔다.

"으아! 발이 시리네."

"와아아! 정말 시원하네."

얼굴과 손발을 씻자 몸에서 생기가 돋는다.

풍기로 향하는 차 안에서 아이들이 엄살이다.

"물이 얼마나 찬 지 손발이 펴지지 않아요."

"아아~ 무릎도 안 펴지네."

"조금 있으면 괜찮아질 거다."

아이들은 신나게 떠들다가 이내 잠이 든다.

단양휴게소다.

아이들이 일어난다.

"야, 너희들 먹고 싶은 거 마음대로 시켜라."

"우리는 소고기 카레라이스 덮밥 먹을래."

밥그릇에 행복이 담겨있다.

밥맛이 행복 맛이다.


목욕탕 뜨거운 물속으로 사내들의 몸이 들어간다. 솟는 김 사이로 아이들의 웃음소리가 퍼져나간다.

행복한 산행, 행복한 저녁, 행복한 목욕이다.

◟ 산행기간 : 2008. 2. 9. 08:20 ~ 12:40
◟ 산행거리 : 약 8km(눈길)
◟ 산행시간 : 4시간 20분

마구령

미내치

고치령

# 탈출 마구령

*내리막이다.*
*눈길이 무척 미끄럽다. 아들은 나뭇가지를 잡고 몇 번이나 미끄러진다.*
*아이젠 없는 아들이 걱정스럽다. 이 상태로 미끄러운 길을 10시간이다 더 가야 한다.*

"아빠, 몇 시간 걸려?"

"14시간."

"뭐라고 14시간? 아이고 말도 안 나오네."

아들은 떫은 감씹은 표정이다. 고개를 푹 수그리고 앉아 한숨만 쉬고 있다. 그 순간 딸이 나섰다.

"야! 너 빨리 따라가라. 아빠가 너하고 같이 다니는 걸 얼마나 자랑스러워하는데."

딸은 강단이 있고 맺고 끊는 게 분명하다.

"내일모레 가면 구인이도 따라간다는데."

"구인이는 신발도 없고 스패츠와 아이젠도 없잖아. 더구나 눈이 허리까지 빠지는 겨울산행은 위험하다. 아마 구인이 부모님도 걱정할 거야."

다음날 새벽 4시.
기상이다.
이불 속을 빠져 나오기 싫어서 몇 번이나 뒤척였다.
그러나 아들은 조용히 일어나 주섬주섬 옷을 챙겨 입는다.
그래도 따라나서는 게 고맙다.
하기야 이제는 본전생각 나서 중간에 그만둘 수도 없다.
아내는 나보다 30분 먼저 일어나 밥과 반찬을 준비한다.
밥을 먹는데 아내가 돈 봉투를 건네준다. 대간 산행 비용이다.
쿠당탕탕!
책상 옆 화분이 탁 넘어진다.
고양이 까미가 장난을 쳤다.
까미는 3개월 된 새끼 고양이다. 아들이 학교 갔다 돌아오다가 아파트 한 구석에서 발발 떨고 있는 녀석이 불쌍해서 무작정 안고 들어왔다. 아내는 처음엔 못 키운다고 동물병원에 갖다 주라고 했는데 이제는 그만 정이 들어버렸다.
갑자기 불길한 예감이 든다. 오늘은 조심해야 되겠다.
출발 전 무릎을 꿇고 천천히 성호를 긋고 주모경을 바쳤다.

애마는 영월 고씨동굴과 김삿갓 유적지가 있는 하동면 외룡리를 지난다.
삿갓과 대 지팡이 한 개로 팔도를 떠돌다가, 객지인 화순에서 57세의 삶을 마감한 나그네 시인 김삿갓. 그의 고향은 이곳 영월군 하동면 와석리 노루목 마을이다. 그는 지금 고향 마을 뒷산에 고이 잠들어 있다.

방랑시인 김삿갓. 본명은 김병연, 호는 난고(蘭皐)다.
1807년 순조 7년 아버지 김안근과 어머니 함평 이씨 사이에서 태어났다.
그의 할아버지 장동 김씨 가문 김익순은 1811년 홍경래 난 때 평안도 선천 방어사로 있었는데, 홍경래에게 항복한 죄로 폐족 되었다.

아버지 김안근은 화병으로 죽고, 어머니는 세 아들을 데리고 여러 곳을 옮겨 다니다가 영월군 하동면 와석리 노루목마을에 정착하였다.

어릴 때부터 총명했던 김삿갓은 20세 되던 해 영월고을 백일장에 참가하였다.

시제(詩題)는 '論 鄭嘉山 忠節死 嘆 金益淳 罪痛于天'이었다.

정가산의 충성스러운 죽음을 논하고 하늘에 이른 김익순의 죄를 통탄해 보라.

이에 김삿갓이 시문(詩文)에서 답하기를,

"대대로 임금의 은총을 입어오던 김익순아! 내 말을 들어보아라. 정 군수는 일개 문관이나 죽음으로써 충성을 다하지 않았느냐? 너는 높은 장동 김씨 가문의 으뜸가는 명족이요, 이름은 장안에 떨치는 순자 항렬이 아니더냐? 너의 가문이 이와 같고 나라의 성은이 두터운데, 흉적 홍경래에게 비겁하게 무릎을 꿇다니 말이 되느냐? 너의 죽은 혼조차 황천에도 가지 못하고 너의 치욕은 역사에 영원한 오점으로 남으리라."

김삿갓의 백일장 장원작은 결국 조부를 욕하는 글이었다.

그는 자책과 폐족에 대한 멸시를 못견뎌하다가 스물두 살 때부터 가족을 버려두고 방랑길에 나서게 된다.


영월군 하동면 조제리에서 봉화군 춘양면 우구치리 가는 길은 굽이굽이 고갯길이다.

갑자기 차가 휘청한다. 빙판길이다. 아찔하면서 가슴이 철렁한다.

졸고 있던 아들이 깜짝 놀라 일어난다.

"아빠, 왜 그래?"

"아주 갈 뻔했다."

성호를 긋고 감사기도를 바쳤다.


"지금 어디쯤 왔니껴?"

"도래기재 거의 다 왔습니다."

"빨리 올라오이소."

경북 풍기 부석택시 기사 안재용이다.

"저도 고향이 강릉입니다. 경포초등학교 3학년 때 아버지 따라 부석으로 이사 왔습니다."

객지에서는 고향 까마귀만 봐도 반갑다.

봉화군 물야면, 풍기군 부석면과 단산면을 지나 고칫재(고치령) 입구로 들어선다.

"설 전만 해도 눈이 쌓여서 차가 못 올라 갔니더. 눈 치는 차가 몇 번이나 왔다 갔다 해서 겨우 길이 뚫렸습니다."

아침 8시 20분.

고치령이다.

택시비를 건네주자 기사는 명함을 건넨다.

"미안하지만 올라가시다가 이정표 있는데 좀 붙여주이소."

"아빠, 영하 15도다. 발이 시려 죽겠어."

"야 인마, 조금만 걸어가면 열이 나서 괜찮아."

"아! 엄지발가락이 꽁꽁 얼었어."

"야, 너 신발 좀 벗어봐라."

아들의 맨발을 문지르고 두꺼운 양말을 꺼내서 신겨줬다.

"야, 이제 좀 괜찮냐?"

"좀 나아."

"그런데 너 모자 어쨌냐?"

"아! 참, 택시에 두고 내렸네."

"야, 너는 어떻게 젊은 놈이 그렇게도 정신이 없냐?"

"아! 그럼 날 보고 어떡하라고."

택시기사를 호출하니 핸드폰이 겨우 터진다.

"아! 예, 염려 마이소."

"그 모자 나중에 택배로 보내드릴게요."

배낭에서 마스크 달린 털모자를 꺼내서 아들에게 건넸다.

"아빠, 미안해."

"괜찮다."

오전 9시 10분.

고칫재를 올라서자 눈이 무릎까지 빠진다. 그래도 앞서간 사람들이 다져놓은 길이라 걷기는 쉽다.

박달나무 지팡이 한 개를 아들에게 건네준다.

산은 두 사람 발자국 소리뿐 적막하기 그지없다.
입춘이 지났건만 산은 여전히 한 겨울이다.


오전 10시.
이제 눈은 허벅지까지 빠지기 시작한다.
눈 속으로 발을 잘못 디뎠다간 발 빼기도 힘들다.
아이젠과 스패츠를 착용하자 훨씬 따뜻하다.
"야, 발 안 시렵냐?"
"이제 좀 괜찮아."


'마구령 5.5km →'
이정표가 500m 간격으로 계속 이어진다.
순백의 눈길 위로 햇살이 눈부시다.
눈이 거울처럼 빛난다.
아들과 함께 눈 위에 소피를 봤다. 오줌자국이 노랗다. 오줌 자리에 눈구멍이 뻥 뚫렸다.


오전 10시 반.
해발 800m 미내치다.
"꿰에엑~ 꿱꿱~."
"아빠, 멧돼지다."
멧돼지 소리가 점점 가까워진다.
"걱정 마. 멧돼지는 사람을 보면 도망가."
"그래도 우리 빨리 가자."
"짜식, 겁은 많아가지고."


"야, 너 배고프지 않냐?"
"좀 그래."
"뭐 좀 먹고 가자."
겨울 햇살을 받으며 눈길에 털썩 주저앉았다.

사과 한 개를 꺼내서 손으로 쪼개려니 힘만 들지 쪼개지지 않는다.
칼집에서 칼을 꺼내려니 얼어서 나오지 않는다.
궁즉통(窮則通)이다.
칼끝을 스패츠 고리에 걸고 확 잡아당기니 칼이 쑥 빠진다.

서까래 옹이에 박힌 대못은 빠지지 않는다.
나무 속 결을 볼 줄 아는 사람이 세상의 중심을 보듯,
박은 대못 못대가리에 빠루를 겨우 걸고
각목 쪼가리를 대고 당기면,
오래된 집을 떠나는 사람의 울음 같은 소리를 내며
겨우 빠진다.
중심을 빠져 나오는 길이란 건
늘 오래도록 쓸쓸하니…….

(김남극 시인의 '대못' 중에서)


사과 맛이 꿀맛이다.
땀이 식자 금방 한기가 든다.
눈 위로 낙엽이 또르르 굴러다닌다.
햇볕이 구름에 가렸다 나타났다 한다.
뒤돌아보니 아들이 보이지 않는다.
"지수야! 지수야!"
아들 부르는 소리가 산속에 메아리친다.
"왜 그래!"
"빨리 와!"
눈길 사이로 아들 걸음이 느리다.

오전 11시 50분.
이정표는 마구령 2km를 가리킨다.
가도 가도 끝 없는 눈길이다.
눈길은 침묵과 인내를 가르친다.
'백두대간은 미친 짓이다'라는 생각이 든다.

　그 미친 짓을 한 번도 아니고 두 번씩이나,
그것도 아들까지 데리고 정말이지 나도 제정신
이 아니다.
　그런 아빠를 아들은 얼마나 원망했겠는가?
　육신을 파고드는 외로움과 고통스런 순간에
맞닥뜨릴 때마다 정말이지 그만두고 싶다는
생각이 수없이 들곤 한다.
　'그러나 아들아! 우리 끝까지 포기하지 말
자. 진부령 고갯마루에서 너를 힘차게 안아주
며 눈물을 펑펑 쏟을 그날을 그리면서 힘차게 힘차게 앞으로 나아가자꾸나.
　나는 네가 자랑스럽고 너는 나의 힘이다. 고집불통인 아빠와 함께 4년째
산을 오르고 있으니 너도 참 대단한 놈이다.'

나무는 자기 몸으로 나무이다
자기 온몸으로 나무가 된다
자기 온몸으로 헐벗고
영하 십삼도, 영하 이십도 지상에
온몸을 뿌리박고 대가리 쳐들고
무방비의 나목(裸木)으로 서서
두 손 올리고 벌 받는 자세로 서서
아! 벌 받는 몸으로, 벌 받는 목숨으로 기립하여
그러나 이게 아닌데, 이게 아닌데
온 혼으로 애타면서 속으로 몸속으로 불타면서
버티면서 거부하면서 영하에서 영상으로
영상 오도, 영상 십삼도
지상으로 밀고 간다. 막 밀고 올라간다.
온몸이 으스러지도록 으스러지도록 부르터지면서
터지면서 자기의 뜨거운 혀로 싹을 내밀고
천천히, 서서히, 문득, 푸른 잎이 되고
푸르른 사월 하늘을 들이 받으면서
나무는 자기의 온몸으로 나무가 된다

아아, 마침내, 끝끝내 꽃피는 나무는
자기 몸으로 꽃피는 나무이다.

(황지우 시인의 '겨울나무에서 봄나무에로')

낮 12시.

눈은 이제 허리까지 빠진다.

그러나 앞서간 사람들이 닦아놓은 길이라 그리 힘들지 않다. 언제나 그렇듯이 앞장 서는 사람이 힘들지 뒤따라가는 사람은 쉽다.

그러나 불평불만은 따라오는 사람이 더 많이 한다. 아들이 100m 뒤에서 인상을 쓰며 천천히 올라오고 있다.

한 손에 아이젠 한쪽을 들고서.

"아빠, 아이젠 하나 잃어버렸어. 이것도 눈 속에서 겨우 찾았는데."

"야 인마, 어떻게 아이젠도 다 잃어먹고 그러냐?"

"나도 모르겠어."

"너는 그렇게도 감이 없냐?"

"그럼 어떡해."

"오늘 너 왜 그렇게 자꾸 잃어먹냐?"

"나도 모르겠어. 하여튼 좀 이상해."

"내 뒤에 바짝 붙어서 조심조심 내려와라."

마구령 내리막이다.

눈길이 무척 미끄럽다. 아들은 나뭇가지를 잡고 몇 번이나 미끄러진다. 아이젠 없는 아들이 걱정스럽다. 이 상태로 미끄러운 길을 10시간이다 더 가야 한다.

낮 12시 40분.

눈길을 미끄러지듯 달려 내려오니 마구령이다.

마구령은 경북 영주시 부석면 남대리와 임곡리를 잇는 해발 820m상에 위치한 백두대간 고개다.

현지 사람들은 이 고개를 매기재라
고 부른다.

표지석에 유래가 적혀있다.

마구령은 경상도에서 충청도, 강원도를 통
하는 관문으로 장사꾼들이 말을 몰고 다녔던
고개라 마구령이라 하였으며, 경사가 심해서
마치 논을 매는 것처럼 힘들다 하여 매기재라
고도 하였다.

이제 백두대간은 죽령 ~ 고치령 ~
마구령을 넘어 부석사 무량수전을 앞
에 두고 박달령을 향한다.

오후 1시.

라면을 끓이려고 버너를 켜니 불이 붙지 않는다.

강추위에 가스도 얼고 버너도 얼었다.

"야, 큰일 났다. 라이터도 없고……."

낭패지만 할 수 없다.

아들은 라면을 끓인다고 찬물에 스프부터 넣었는데,

"김칫국부터 마시지 말라고 그랬잖아."

"아! 배고프니 그렇지."

"그러면 우선 찬밥이라도 먹자."

"오늘은 뭐 되는 일이 없구나. 일이 자꾸 꼬이기만 하고. 소백산 산신령이
노했나? 처음에는 모자를, 다음에는 아이젠을, 이제는 라면까지 못 먹게 하
니 이게 무엇을 뜻하는지 빨리 알아차려야 한다. 지수야, 너 신발 괜찮냐?"

"신발뿐만 아니라 양말도 다 젖었어."

"앞으로 10시간을 더 가야 되는데."

"뭐라고?"

"야, 아무리 생각해도 안 되겠다. 밥 먹고 바로 하산하자."

아들 얼굴이 금방 환해진다.

"아빠, 우리 3월말쯤 날 따뜻해지면 다시 오자."

"그래! 때로는 과감한 포기도 필요하다. 산 다니다가 좀 이상한 느낌이 들면 민감하게 받아들여라. 그때는 조금도 미련 갖지 말고 지금처럼 빨리 포기해라. 욕심 부리면 사고 난다."

찬밥과 김치로 요기를 하고 다시 부석택시에 전화를 했다.

"아저씨, 여기 마구령인데요. 다시 좀 와주세요. 오늘 두 번짼데 도래기재까지 그냥 3만 원만 합시다."

"그라먼 쪼매만 기다리이소."


겨울 문의(文義)에 가서 보았다
거기까지 닿은 길이 몇 갈래 길과 가까스로 만나는 것을
죽음은 죽음만큼 길이 적막하기를 바란다
마른 소리로 한 번씩 귀를 닫고
길들은 저마다 추운 소백산맥 쪽으로 뻗는구나
그러나 삶은 길에서 돌아가 잠든 마을에 재를 날리고
문득 팔짱 끼어서 먼 산이 너무 가깝구나
눈이여! 죽음을 덮고 또 무엇을 덮겠느냐.

(고은 시인의 '문의마을에 가서' 중에서)


다시 도래기재다. 눈 속에 애마가 서 있다.

97년식 세피아 레오다.

대간 길에 함께한 충성스런 동반자다.


고속도로에 들어서니 졸음이 쏟아진다.

"아빠, 우리 휴게소에서 밥 먹자."

치악휴게소다.

라면 밥을 먹는데 얼굴에서 땀이 뚝뚝 떨어진다.

라면 국물에 밥을 말아먹고도 찬물을 세 컵이나 먹는다.

"아빠, 우리 사우나 가자."

"그래. 뜨거운 물속에 몸을 푹 담그고 한잠 잤으면 좋겠다. 야, 그런데 너

오늘 왜 그렇게 자꾸 잃어먹냐?"

"나도 모르겠어. 지금까지 산 다니면서 이런 일 처음이야. 오늘 도래기재까지 갔으면 애가 지금쯤 탈진했을 걸."

"아무래도 소백산 산신령이 노했나봐."

"오늘 구인이 안 따라가기 잘했지 따라갔으면 혼났다."

"다음번엔 같이 가자고 그래라."

"드디어 강원도 땅 입성이다."

눈 속에서 그토록 고대하던 뜨거운 김이 모락모락 올라오는 사우나다.

"야, 좀 빡빡 밀어라. 왜 그렇게 힘이 없냐."

"아! 지금 세게 밀고 있다구. 아빠, 그런데 저 아저씨가 그러는데 남자들은 목욕탕 가서 때 밀어주는 놈이 필요해서 아들 꼭 낳아야 된대."

"나는 산 다닐 때 친구하려고 너를 낳았다."

"웃기지 마, 말도 안 돼."

"엄마한테 물어봐라."

## 21코스 마구령 ~ 갈곳산 ~ 박달령 ~ 도래기재

- 산행기간 : 2008. 4. 5. 07:30 ~ 15:40
- 산행거리 : 23.5km
- 산행시간 : 8시간 5분

도래기재

박달령

갈곳산

마구령

# 고 3 아들의 고민

"아빠, 나 이번 학기에 시험 잘 봐서 1차 수시 넣으려고 그래.
그런데 합격하면 다른 학교는 못가. 어떻게 하면 좋을까?"
"글쎄…… 그런데 야, 너는 성공이 뭐라고 생각하냐?"
"자기가 좋아하는 걸 하면 그게 성공이지."


발바닥이 다 닳아 새 살이 돋도록 우리는
우리의 땅을 밟을 수밖에 없는 일이다
숨결이 다 타올라 새 숨결이 열리도록 우리는
우리의 하늘 밑을 서성일 수밖에 없는 일이다
야윈 팔다리일망정 한껏 휘저어
슬픔도 기쁨도 한껏 가슴으로 맞대며 우리는
우리의 가락 속을 거닐 수밖에 없는 일이다.

(조태일 시인의 '국토서시' 중에서)

새벽 4시.
아내는 어김없이 일어나 국을 끓인다.
밥하는 사람 따로 있고, 밥 먹는 사람 따로 있다.
따로가 어디 밥뿐이랴? 나는 추어탕, 아들은 곰국이다.

영월 시내는 단종제 준비에 한창이다.
고씨동굴을 지나자 해발 300m 와석재다.
노루목. 김삿갓 묘 가는 길은 구불구불 긴 계곡이다.
길 옆 바위에 시가 새겨졌다.

人到人家不待人 主人人事難爲人
設宴逐客非人事 主人人事難爲人
사람이 사람 집을 찾아와도 사람대접을 하지 않으니 주인이 사람답지 못하네.
잔칫집에서 손님을 쫓는다는 것은 사람된 도리가 아니거늘, 이는 주인이 사람답지 못한 까
닭이다.

비포장 길을 덜컹대며 올라가니 충북 단양군 영춘면 의풍리다.
의풍분교 앞 버스 정류장이다.
"아줌마, 마구령 아세요?"
"나는 고칫재밖에 몰라유."
"그러면 남대리는 어느 쪽입니까?"
"쩌 아리는 남대리고, 쩌 우는 영춘이래유."

남대리는 충북 단양군 영춘면과 경북 영주시 부석면의 경계다.
남대리를 지나자 곧 바로 주막거리다.
"옛날 남대리 사람들이 콩 한 가마니를 지고 부석장에 갔다가 색시를 옆
에 앉차 놓고 푹 찌그러진 주전자에 막걸리 부어 먹으면서 사나흘을 지내다
보면 또 장날이너더. 그라면 또 콩 가지러 마구령을 넘어 갑니다. 옛날 부석
우시장에 나온 소가 3백 두가 넘었는데. 그때가 참 좋았니더." (부석택시 안
재엽)

계곡을 따라 올라가니 마구령이다. 마구령은 '정감록'에 나오는 십승지지의
하나다.
표지석 뒤에 유래가 새겨져 있다.

경상도에서 충청도, 강원도를 통하는 관문으로서 장사꾼들이 말을 몰고 다녔던 고개라 하
여 마구령이라 불렸으며, 경사가 심해서 마치 논을 매는 것처럼 힘들다고 하여 매기재라고도
하였다. 2007년 10월 18일

아침 7시 반.
갈곶산으로 출발이다.
어젯밤 야영을 한 산꾼 다섯 명이 라면을 끓이면서 우리를 쳐다본다.
"부자지간이세요?"
"예."
"아! 부럽습니다."

요즘 아이들은 학교공부에 치이고 학원공부에 치여서 도대체 얼굴 볼 새가
없다.
공부하는 아들을 산에 데리고 올리려면 엄마들이 난리다. 학교 선생님의 허
락은 필수고, 학원 과외도 빠져야 한다.
우리나라는 '공부 공화국', '수능 공화국'이다.
산행은 '공부와 시험'으로부터의 탈출이다.

이번 산행은 아들이 날을 잡았다.
아들은 오늘 컨디션이 좋다.
'갈곶산 가는 길!'
500m마다 표지판이 붙어있다.
산길이 말랑말랑하고 푹신푹신하다. 생명은 부드럽고, 죽음은 딱딱하다.
땅을 뚫고 파란 새싹이 올라온다.
"야! 이 노란 꽃이 무슨 꽃이냐?"

"몰라!"

"산수유 꽃이다."

봄은 꽃과 색의 계절이다.

개나리, 진달래, 벚꽃, 목련, 산수유, 산철쭉…….

입산통제 때문인지 인적이 없다.

"야, 너 무슨 과 갈려고 그러냐?"

"나 구인이와 사업할려고."

"뭐라고 사업?"

"야 인마, 사업은 아무나 하냐?"

"하면 하지 못할 게 뭐 있어?"

"하여튼 그래, 그러면 무슨 과……."

"경영학과나 경제학과."

"학교는?"

"엄마는 SKY 대학 못갈 바엔 ○○대가 낫다고
하는데. 솔직히 나는 거기 갈 실력이 안 돼."

"야 인마, 괜찮아. 간판이 밥 멕여 주냐. 학교는
생각하지 말고 무조건 네가 좋아하는 과를 가."

"아빠, 나 이번 학기에 시험 잘 봐서 1차 수시 낼려고 그래. 그런데 합격하
면 다른 학교는 못가. 어떻게 하면 좋을까?"

"글쎄……. 그런데 야, 너는 성공이 뭐라고 생각하냐?"

"자기가 좋아하는 걸 하면 그게 성공이지."

성공에 대한 아들의 명쾌한 정의다.


아들과 함께 5년째 백두대간을 다니고 있지만 이렇게 진지한 대화를 나눠
본 것은 이번이 처음이다.

시인 문인수는 "인생이 참 새삼 구석구석 확실하게 만져질 때가 있다"라고
했다.

아들과 얘기를 하면서 걸어가니 시간가는 줄 모르겠다.

오전 9시 반.

갈곳산(996m)이다.

낙엽 더미에 털썩 주저앉았다. 엉덩이를 타고 봄기운이 솔솔 올라온다.

봉황산(918m)과 부석사가 지척인데 안개에 가려 보이지 않는다.

백두대간 마루금은 부석사 봉황산 뒤쪽으로 쭉 이어져 있다.

부석사 무량수전은 신라 문무왕 16년(676)에 의상대사가 지었다.

우리나라 최고의 목조 건물이며, 현재 국보 제18호로 지정되어 있다.

고인이 되신 전 국립박물관장 최순우 선생은 "나는 무량수전 배흘림기둥에 기대서서 사무치는 고마움으로 이 아름다움의 뜻을 몇 번이고 자문자답했다. 무량수전 앞 안양루에 올라앉아 먼 산을 바라보면 산 뒤에 또 산, 그 뒤에 또 산마루, 눈길이 가는 데까지 그림보다 더 곱게 겹쳐진 능선들이 모두 이 무량수전을 향해 마련된 듯싶어진다"라고 했다.

방랑시인 김삿갓도 부석사 안양루에 올라서는 저 예리한 풍자와 호방한 기개가 한풀 꺾여 낮은 목소리로 자탄만 하고 말았다.

"평생에 여가 없어 이름난 곳 못 왔더니, 백발이 다 된 오늘에야 안양루에 올랐구나. 그림 같은 강산은 동남으로 벌려있고, 천지는 부평같이 밤낮으로 떠 있구나. 지나간 모든 일이 말 타고 달려오듯, 우주 간에 내 한 몸이 오리마냥 헤엄치네. 인간 백세에 몇 번이나 이런 광경 보 겠는가? 세월이 무정하네. 나는 벌써 늙어 있네."

(유홍준의 《나의 문화유산 답사기》 2권 중에서)

갈곳산 아래로 사기점과 생달마을이 아늑하다.

껍질이 벗겨진 나무가 곳곳에 눈에 띈다. 산짐승에겐 나무껍질도 식량이다.

오전 10시.

늦은목이다.

늦은목이는 마구령과 선달산, 오전리의 갈림길이다.

오전리 생달마을 가는 길에 옹달샘이 있다. 나무계단과 샘터의 조화가 멋지다. 물맛이 차고 달다.

입산통제 산불방지 현수막이 붙어 있다.

"아빠, 걸리면 벌금 50만 원이래."

"괜찮아. 우리 같은 사람은."

"아빠나 괜찮지."
"너는 뭐 그렇게 걱정이 많냐?"
"내가 지금 걱정 안 하게 생겼어?"

오전 10시 반.
큰 소나무다. 나무도 오래되면 연륜이 느껴진다.
배낭에서 '껍질째로 먹는 사과'를 꺼냈다. 아내가 마트에서 특별간식으로 사온 사과다. 한 개를 먹으니 허기가 가신다.

선달산 오르막이 은근히 길다.
정상은 보일 듯 말 듯 멀다. 육산이지만 묘한 매력이 느껴진다.
힘이 든다. 무척 힘이 든다. 오르막에서 진이 다 빠진다.

나는 몇 번 머리를 흔들고
산속의 산, 산위의 산을 본다
산은 올려다보아야 한다는 걸 이제야 알았다
저기 저 하늘의 자리는 싱싱하게 푸르다
푸른 것들이 어깨를 툭 친다. 올라가라고 그래야 한다고
나를 부추기는 솔바람 속에서 내 막막함도 올라간다
번쩍 제 정신이 든다.

(천양희 시인의 《마음의 수수밭》 중에서)

오전 11시 10분.
선달산(1,236m)이다.
선달산은 남한강 발원지다. 선달산 물은 남대리 ~ 의풍리 ~ 와석리를 지나고 영월 하동 옥동천을 거쳐 충주, 여주로 흘러든다.
선달산을 경계로 강원도 영월과 경북 영주가 나뉜다.

저 멀리 태백산이 구름 위에 떠 있다.

산은 구름 위에 떠 있는 섬이다.

모처럼 대간 조망이 펼쳐진다.

"아빠, 이제부터 강원도다."

"그래. 드디어 강원도 입성이다. 야! 이럴 때 축하주 한잔해야 하는데."

"아빠, 그 술 잘 먹는 아저씨 생각나지? 그 조……. 뭐더라."

낮 12시.

산 곳곳에 잔설이 남아있다.

바람이 차고 손이 시리다.

하늘이 컴컴해진다. 빗기운을 잔뜩 머금은 먹구름이 몰려온다. 빗살이 얼굴을 톡톡 때린다.

배가 고프다.

"야, 밥 먹을 자리 좀 찾아봐라."

"조금 가다보면 있겠지 뭐."

내 마음을 아는지 모르는지 아들은 마냥 태평스럽다.

신용묵 시인은 "아버지의 뼛속에는 바람이 있다. 나는 그 바람을 다 걸어

야 한다"라고 했다.

긴 의자 두 개가 나타난다.
"와아아! 아빠, 딴이다."
라면과 밥, 김치, 고추, 고추장……
반찬은 적지만 꿀맛 오찬이다.
밥을 먹고 일어서니 몸이 무겁다.
"아빠, 배낭이 훨씬 가벼워졌어."
음식의 전이다. 풍선 효과다.
배낭과 몸의 제로섬 게임이다.

오후 1시.
옥돌봉에 구름이 끼어있다. 안개구름이다.
박달령이 지척이다.
오늘 처음으로 사람을 만났다.
"아드님이신가요?"
"예."
"대단하십니다."

"어디서 떠났어요?"

"7시 반에 마구령에서요."

산 사람들의 대화는 산처럼 단순하다.


오후 1시 반.

박달령이다.

제복 입은 사람이 표지석 주변을 빗자루로 쓸고 있다. 국유림관리사무소 직원이다.

죽령에서 선달산까지는 국립공원관리공단에서, 선달산부터 도래기재까지는 산림청에서 관리한다고 한다.

산은 하난데 관리 주체는 둘이다.

내가 보기에는 그게 그거다. 관리 주체도 하나면 좋겠다.


산신각으로 올라선다. 6년 전 1차 종주 때 생각이 난다.

샘터를 못 찾아서 애를 먹다가 나뭇가지에 걸린 페트병을 보고 샘터를 찾았던 기억이 되살아 난다.

엊그제 일은 깜빡하는데 오래전 일은 생생하다.


오후 2시.

빗살이 쉴 새 없이 떨어진다.

"핸드폰이 젖지 않을까?"

"라면 봉지에 넣으면 되지!"

"참 기가 막히네. 어떻게 라면 봉지 생각을 다했냐?"

궁하면 통한다고 했다.

"걷기는 좋은데 전망이 없다."

"하나가 좋으면, 하나는 나쁘다. 그게 자연의 이치다."


오후 2시 반.

세 갈래 길이 나타난다.

박달령과 옥돌봉, 주실령 갈림길이다.

주실령(760m)은 봉화군 물야면과 춘양면의 경계다. 길은 고개를 중심으로 만나고 갈라진다.

어디 길뿐이랴? 사람 사는 일도 비슷하다.

얼굴에서 식은땀이 난다.

"아빠, 뒤에서 보니까 힘든 게 표가 나."

"그래. 나도 이제는 점점 힘이 드는구나. 옛날 같으면 큰 배낭 메고도 끄떡 없이 올라왔는데. 나이가 드니 어쩔 수 없구나."

> 그만한 고통도 경험해 보지 않고
> 어떻게 하늘나라를 기웃거릴 수 있겠냐구?
> 그만한 절망도 경험해 보지 않고 누구에게
> 영원히 살게 해 달라고 청할 수 있겠냐구?
> 벼랑 끝에 서 있는 무섭고 외로운 시간 없이
> 어떻게 사랑의 진정을 알아낼 수 있겠냐구?

(마종기 시인의 '맑은 날의 얼굴' 중에서)

오후 2시 40분.

옥돌봉(1,242m)이다.

오늘의 최고봉이다.

옥돌봉에 돌은 없고 헬기장만 있다.

"아빠, 봉과 산이 어떻게 달라?"

"봉은 식구고, 산은 가족이다."

"아! 그렇구나. 이제 알았어."

아들이 고개를 끄덕인다.


갑자기 배가 아프다.

낙엽을 긁어내고 땅을 팠다. 대간 바람을 쐬며 쾌변을 본다. 배설의 즐거움! 최고의 카타르시스다.

방송작가 고 한운사 선생은 "인생은 먹고 싸는 것이다"라고 했다.


도래기재 하산 길, 부석택시로 전화를 건다.

"여기 옥돌봉인데요. 이제 내려갑니다. 도래기재까지 얼마나 걸려요?"

"한 50분 걸립니다. 천천히 내려와도 됩니다."

산 중턱에 550년 된 철쭉이 있다. 높이 5m, 둘레 105cm다. 우리나라에서 가장 오래된 철쭉이다. 2006년 5월 25일 보호수로 지정되었다.

"나무들이 쭉쭉 서 있는 것이 꼭 사람 같애."
"나무도 감정을 느낀다고 하잖아."
물오른 나무들의 열병식이다.
발바닥에 말랑말랑한 감촉이 느껴진다.

오후 3시 반.
진달래 터널이다.
진달래 군락지다.
진달래 숲을 뚫고 지나간다. 금방이라도 꽃망울이 터질 듯 바짝 부풀어있다.

오후 4시.
도래기재(770m)다.
주모경을 바친다. 나는 주의 기도, 아들은 성모송이다.
기도 후 아들과 포옹이다. 기도와 포옹은 감사와 사랑의 표시다.

도래기재는 경북 봉화군 물야면 2km 거리에 있는 마을 이름을 따라서 도래기재라고 한다.
도래기마을에서는 조선시대에 역이 있었기에 역촌마을이라 하여 도역리(道驛里)라고 부르
다가 이것이 변음이 되어 이제는 도래기재로 통용되었다.
또 재 넘어 우구치는 골짜기 모양이 소의 입 모양이라 하여 우구치(牛口峙)라고 불린다.
('도래기재 유래' 표지판 중에서)

택시를 타고 다시 마구령으로 향했다.

"부석에서 밥 제일 맛있게 하는 집이 어딥니까?"

"부석사 주차장 앞에 있는데요. 그 집은 손님들 상에 한 번 올려놓은 음식은 절대로 다시 안 쓴 대요. 거기서 일하는 아줌마들이 한 명도 아니고 모두 다 그러니 그 말이 맞지요. 그라고 관광지 1박 2일 코스 좋은데 하나 알려드릴게요. 청량산 참말로 멋집니데이……. 1박 2일로 한 번 다녀가이소."

"기사님은 여행 좀 다니셨나요?"

"아이고 나는 마 벌어가꼬 집에 애들 공부 갈친다꼬 평생 다 보냈니더."

잠시 후 마구령이다.

"아빠, 나 지금도 속이 울렁울렁해. 마구령 올라오는데 얼마나 꼬불꼬불한지 와! 나 죽다 살았어."

"옛날 사람들은 다 걸어 다녔다. 우리 발 씻고 가자."

"아빠, 발이 엄청 시려 으으으……."

계곡 물에 발을 담그자 발이 찌릿찌릿하다. 봄이지만 계곡물은 얼음물이다.

"오늘 산행 어땠냐?"

"엄청 편안했어."

"지금까지 최고로 힘든 구간은 어디냐?"

"거 빼재 있잖아. 거기 어디더라 아…… 그, 덕유산! 그때 2박 3일 할 때, 지금 가라면 절대 안 가네."

목욕탕이다.

아들 얼굴에도 수염이 거뭇거뭇하다. 털은 얼굴뿐만 아니다.

"야, 너도 면도 좀 해야겠다. 면도기 하나 사줄까?"

"엄마가 멋있는 면도기 하나 사준다고 그랬어."

"야 인마, 면도기는 남자가 사야지 여자가 왜 사냐? 우리 저녁에 뭐 먹을까?"

"나는 갈비탕, 아빠는 육개장."

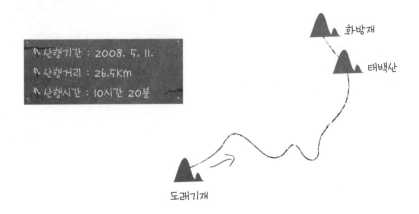

산행기간 : 2008. 5. 11.
산행거리 : 26.5Km
산행시간 : 10시간 20분

화방재

태백산

도래기재

# "얘들아! 대간 가자"

아침 8시,
나무계단에 앉아 지도 정치법과 나침반 조작법을 알려준다.
대간 마루금에서 나는 선생님, 아이들은 학생이 된다.
이쯤되면 백두대간은 학교요, 교실이다.

풀잎은 풀잎대로 / 바람은 바람대로 / 초록의 서정시를 쓰는 오월 /
하늘이 잘 보이는 숲으로 가서 / 어머니의 이름을 부르게 하십시오 /
피곤하고 산문적인 일상의 짐을 벗고 / 당신의 샘가에서 눈을 씻게 하십시오 /
물오른 수목처럼 싱싱한 사랑을 / 우리네 가슴 속에 퍼 올리게 하십시오 /
구김살 없는 햇빛이 / 아낌없는 축복을 쏟아내는 5월 /
어머니 / 우리가 빛을 보게 하십시오 / 욕심 때문에 잃었던 시력을 찾아 /
빛을 향해 눈뜨는 빛의 자녀 되게 하십시오.

(이해인 수녀의 '오월의 시' 중에서)

오월의 산은 푸르다.

얘들아! 대간 가자.

푸른 물결 넘실대는 대간 숲으로 가자.

푸른 공기 마시며 몸도 마음도 쉬어가자.

"지혜 아빠, 내가 산 가는 날 잡아놨어."

아내는 나를 부를 때 딸아이 이름을 붙인다. 언제부터인지 그렇게 굳어졌다.

"구인이한테 직접 물어보니 따라간다는데."

"지수 새끼 꼼짝 못하게 만들어놨어."

"마음 변하기 전에 지수한테 빨리 얘기해."

"아빠, 이번엔 몇 시간이야?"

"응! 12시간."

백두대간 작전 지휘관의 화려한 등장이다.

본인은 가지도 않으면서 준비하는 데는 귀신이다.


산행 전날 아내와 함께 슈퍼에 들렀다.

자유시간, 핫 브레이크, 아트라스, 껍질째 먹는 사과를 사고, 특별식으로 소고기볶음과 카레라이스도 샀다. 등산용품 가게에도 들러 아들의 윗도리도 샀다.

"지수한테는 빨간색이 잘 어울려. 사진도 참 잘 받더라고."

아내한테는 이렇게 꼭 챙겨줘야 할 남자들이 있다. 두 남자의 존재가 기쁨이고 행복이다. 엄마와 아내의 역할은 자식과 남편을 통해 드러난다.

보이는 것보다 보이지 않는 것이 중요하다. 옷보다 몸이, 몸보다 마음이 더 중요하다.


녹전택시에 전화를 걸었다.

"도래기재에 차를 대놓고 가야 빨리 출발하고 시간도 절약됩니다. 내려와서도 도래기재 도착할 때까지 한숨 잘 수도 있습니다."

역시 현지 전문가는 무엇이 달라도 다르다.

아이들 옷가지와 배낭을 거실 한 편에 쭉 늘어놓자 고양이가 배낭 사이를 이리저리 넘어다닌다. 아들이 학교 갔다 오다 주워온 고양이인데, 이제는 한 식구가 되었다.

포카리 스웨트, 숟가락, 반팔 티셔츠, 긴팔 상의, 속내의……

집은 잔칫집 분위기다. 이쯤 되면 백두대간 산행도 축제다.


다음날 새벽 4시.

아내가 밥상을 차려준다.

소고기볶음과 카레라이스 밥이다.

삶은 계란 6개와 소금도 배낭에 넣어준다.

구인이와 함께 문 밖을 나서는 아들 표정이 보름달이다.

영월 청령포 입구다. 소독약을 뿌린다. 조류 독감 예방 소독이다.

영월 하동 조제분교를 지나자 봉화 춘양 우구치리다.

차창을 열자 산 공기가 쏟아져 들어온다.

"어어, 추워. 여기 어디야?"

아이들이 어깨를 움츠리며 잠에서 깨어난다.


아침 7시 20분.

도래기재다.

"지수는 여기 몇 번째냐?"

"세 번째지."

"구인아, 너 지난 가을 소백산 갔을 때 고치령 기억 나냐?"

"아! 예. 기억나요. 그 계곡에서 발도 씻었잖아요."
"그래. 그 계곡 물 엄청 차가웠지."
"와아! 그때 발이 꽁꽁 어는 줄 알았어요."
"지수야, 구인아, 오늘 12시간이다."
"자신 있냐?"
"예에! 걱정 말아요."
푸른 숲길로 아이들이 들어선다.
공기가 차고 달다.
"얘들아, 물 한 모금 먹고 가자."

아침 8시.
나무계단에 앉아 지도 정치법과 나침반 조작법을 알려준다. 대간 마루금
에서 나는 선생님, 아이들은 학생이 된다. 이쯤되면 백두대간은 학교요, 교
실이다.

"너희들이랑 언제 다시 이곳에 와 보겠냐?"
"아빠, 혹시 또 알게 뭐야?"
"그때는 아빠가 늙고 힘이 부쳐서 안 돼지."
산은 온통 초록이다. 푸른빛으로 반짝인다.
산 공기가 폐부 속으로 들어온다.
"와아아~ 공기가 달다."

아이들이 눈을 감고 양손을 벌린다.
산철쭉이 곳곳에 피어있다.
우리는 걷기만 할 뿐 말이 없다.
침묵 사이로 새 소리가 들린다.

아침 8시 45분.
제2 임도다.
정자각과 구룡산 유래비가 서 있다.

경북 봉화군 춘양면 서벽리에 위치한 구룡산(九龍山)은 태백산(1,567m)과 옥석산(옥돌봉, 1,242m) 사이에 있는 백두대간 마루금을 연결하는 산이다.

강원도와 경상북도에 걸쳐있는 이 산은 해발 1,344m로서 태백산, 청옥산, 각화산, 옥석산 등과 함께 태백산맥과 소백산맥이 갈라져 나가는 곳에 있다.

이 산에서 발원하는 하천들은 남북으로 흘러서 각각 낙동강과 남한강으로 이어진다. 이 산은 아홉 마리 용이 승천하여 구룡산이라 하는데, 용이 승천할 때 어느 아낙이 물동이를 이고 오다 용이 승천하는 것을 보고 "뱀 봐라!" 하면서 꼬리를 잡아 당겨 용이 떨어져 뱀이 되어버렸다는 전설이 있는 곳이기도 하다.

임도를 올라서자 구룡산 철쭉 길이 이어진다. 오르막은 숨차지만 유쾌하다.
앞서간 아이들 소리가 들려온다. 두런거리는 소리가 정겹다.
뾰로롱 쪽쪽~ 뾰로롱 쪽쪽~~
자연의 소리는 음악이다.

오전 9시 15분.
숨이 턱까지 차오른다.
옥돌봉과 선달산을 잇는 마루금이 징검다리 같다.
산은 투명도 100%, 시계 100%이다.

오전 9시 20분.
구룡산(1,345m)이다.

　산! 산! 산! 산은 온통 초록 물결이다. 소백산 ~ 선달산 ~ 태백산 ~ 함백산을 잇는 대간 마루금 중심에 세 남자가 서 있다. 동서남북 사방이 탁 트인 일망무제다.

　"와우! 정말 대단하다."

　"와아아~ 산 물결이다."

　모든 산봉우리마다 푸름의 절정이다.

　태백산 천제단과 함백산으로 이어지는 대간 줄기가 한눈에 들어온다.

　사과와 계란을 꺼냈다. 사과 맛도 계란 맛도 모두 꿀맛이다.


　오전 10시.

　아이들이 쏜살같이 고직령으로 내려간다.

　멧돼지가 파헤치고 지나간 흔적이 군데군데 눈에 띈다.

　얼레지나물도 자주 보인다.

　두릅나무는 많아도 두릅은 없다. 사람 손길이 참 무섭다.

　6년 전 1차 종주 때 철묵형과 봉섭이 여기서 두릅을 땄다. 그때 우리는 두릅이 가득 찬 배낭을 메고 나는 듯이 걸었다.


　오전 10시 반.

　소나무가 죽어간다. 새카맣게 죽어간다. 솔잎혹파리와 재선충의 습격이다. 녹색은 삶이고, 검정은 죽음이다.

파리 떼가 윙윙거리며 따라온다.

10시 50분.
곰넘이재다.
고갯길이 부드러운 젖무덤이다.
나무계단과 숲길의 멋진 조화다.
고개 숲 그늘 밑에 유래비가 서 있다.

옛날부터 이 고갯길은 경상도에서 강원도로 들어가는 중요한 길목이었으며, 특히 태백산 천제를 지내러 가는 관리들의 발길이 끊이지 않던 고갯길이었다.
문헌 영가지(永嘉誌)에 웅현(熊峴)이라고 표기되어 있는 것으로 보아 언제부터인지 순 우리말로 순화하여 곰넘이재로 부르게 된 것으로 추정된다.

산판 길을 따라 나물 싣는 차가 올라와 있다.
나무 그늘이 시원하다.
산은 고요하고 넉넉하다.

오전 11시 20분.
공기가 차다.
묘 1기가 나타난다.
"야, 진짜 대단하다. 상여를 메고 이 꼭대기까지 어떻게 올라왔을까?"
"죽은 조상 덕 좀 보려고 그랬겠지."
"죽은 사람이 산 사람을 어떻게 도와줘?"

"귀신과의 교감, 그것을 음덕이라고 하는 거야."
"그런데 왜 이 산꼭대기에 묘를 써야 돼? "

산죽 숲을 지난다.
스스스스……. 나무 이파리가 팔뚝을 스친다.
찬 기운에 정신이 번쩍 난다.

오전 11시 40분.
신선봉이다.
신선봉에 신선은 없고 무덤만 덩그러니 놓여있다. 무덤도 봉은 봉이다.
무덤 앞에 사람들이 앉아 있다. 서울 산울림산악회 회원들이다.
"야, 너 몇 학년이냐?"
"고 3요."
"학교도 안 가고? 니네들 진짜 대단하다. 그래, 그깟 공부 좀 빼먹으면 어떻냐! 생각 잘 했다. 야, 이것 먹고 힘내라. 아들, 파이팅!"
40대 아줌마가 떡과 거봉 포도 한 움큼을 나눠준다. 우리나라 엄마들의 아들 사랑은 각별하다.
"저는 가족과 함께 산 다니는 사람들이 제일 부럽습니다. 둘 다 아들입니까?"
"얘는 아들이고, 얘는 아들 친굽니다."
"그래 어쩐지 닮았더라. 너, 힘들지. 억지로 따라왔냐?"
"아니요! 저가 좋아서 왔어요."
"아! 그래. 짜식, 멋있다. 꼭 완주해라. 파이팅!"

낮 12시.
바람이 달고 차다.
죽은 세포도 살아나는 대간 바람이다. 머리부터 발끝까지 모든 구멍이 활짝 열린다. 땀구멍 사이로 푸른 바람이 들어간다. 머릿속도 몸속도 텅 빈 허공이다.

아이들의 속보다.

"가방만 없으면 날아가겠다."

배낭도 아이들이 메면 가방이다.

"야, 가다가 전망 좋고 시원한 자리 있으면 잡아 놔라. 우리 거기다가 자리 펴고 밥 먹자."

"알았어. 우리가 명당자리 한 번 잡아볼게."

"아빠, 명당이다."

앞은 산 물결이요, 뒤는 바위다. 푸른 산 첩첩 점심 명당이다. 두바이 버즈 알 아랍 호텔보다 더 좋은 식당이다.

신나는 식사시간이다.

뭐니 뭐니 해도 밥 먹을 때가 제일 좋다.

라면을 끓이고, 고추장, 고추, 소고기볶음, 김치, 계란 프라이……

라면 끓는 냄새에 침이 꼴깍 넘어간다.

"우와! 맛있겠다."

"바로 이 맛이야."

밥도 라면도 순식간에 동이 난다.

산울림산악회 아줌마가 준 떡까지 나눠먹는다.

"아빠, 태백산도 국립공원이지?"

"도립공원이다."

"국립공원과 도립공원은 무슨 차이가 있어? 산을 한 군데서 관리하면 안 돼? 그러면 강도 국립강, 도립강이 있겠네?"

"산은 산이고, 강은 강이다. 사람들이 말로서 나누고 합치고 할 뿐이다."

낮 12시 45분.
다시 출발이다.
나른함이 엄습한다. 지열이 훅훅 올라온다.
산죽나무 숲이다. 머리가 서늘하다. 정신이 번쩍 든다.

오후 1시 5분.
각화산(1,141m) 삼거리다.
태백산 깃대배기봉과 각화산 갈림길이다.

"각화사는 태백과 소백, 양백지간 십승지지 고산준령 험한 곳에 자리 잡고 있고, 강화도 마니산, 무주 적상산, 오대산 등과 더불어 조선왕조실록을 분산 보관하던 조선왕조 5대 사고(史庫) 중의 하나다. 각화사에 있던 전적은 모두 서울로 옮겨졌고, 전적을 보관하던 2채의 건물은 해방 이후 모두 불타 버리고 지금은 빈터만 남아있다."

조선왕조실록과 5대 사고에 대해 설명해 주자 아이들이 고개를 끄덕인다. 백두대간은 산길만이 아니라 역사의 현장이다.

긴 의자에 한 사람이 코를 골며 자고 있다.
산이 매우 시끄럽다. 사람들 목소리가 너무 크고 톤이 높다. 이쯤 되면 사

람소리도 소음이다.

깃대배기봉 가는 길.
두 무릎이 아프다.
시원한 바람을 맞으며 심호흡을 하니 몸이 붕 뜨는 것 같다.
대간 바람은 마취제다. 피톤치드 효과다. 몸에서 기운이 확 빠져 달아난다.
갑자기 현기증이 난다.
앞서가는 아들이 자꾸 뒤돌아본다. 말하지 않아도 느낌으로 이심전심이다.
몸이 천근만근이다. 풀숲에 누우니 몸이 땅속으로 빨려든다. 그냥 이대로
잠들고 싶다.

오후 1시 45분.
아이들이 배낭에서 사과를 꺼낸다.
사과 한 알의 힘은 대단하다. 깃대배기 봉이 코앞이다. 아이들은 쉬지 않고
잘도 간다. 청춘이 좋긴 좋다.

청춘! 이는 듣기만 하여도 가슴이 설레는 말이다. 청춘! 너의 두 손을 대고 물방아 같은
심장의 고동을 들어보라. 청춘의 피는 끓는다. 끓는 피에 뛰노는 심장은 거선의 기관같이
힘 있다.
......
보라 청춘을! 그들의 몸이 얼마나 튼튼하며, 그들의 피부가 얼마나 생생하며, 그들의 눈에
무엇이 타오르고 있는가? 우리 눈이 그것을 보는 때에 우리의 귀는 생의 찬미를 듣는다. 그것

은 웅대한 관현악이며, 미묘한 교향악이다. 뼈끝에 스며들어가는 열락의 소리다.

(민태원의 '청춘예찬' 중에서)


오후 2시 10분.
"야! 여기 바람이 차네."
"와아아~ 상쾌해."
"교실에서는 맛보지 못하는 공기다."
공기에도 맛과 색깔이 있다.
공기 맛이 차고 달다. 푸른 오월 백두대간 공기는 종합 비타민이자 활력소다.
산 능선을 중심으로 오른쪽은 에어컨, 왼쪽은 한증막이다.
아이들도 힘이 드는지 풀숲에 털썩 주저앉는다.
"집에 가면 그냥 드러눕겠다."
"내려가서 차타고 집에 갈 생각하니 기분 좋다."
아이들은 오로지 집 생각뿐이다. 집은 안식처요, 보금자리다.


오후 2시 30분.
깃대배기봉(1,383m)이다.
표지석이 앙증맞고 멋지다.
태백산 천제단이 지척이다.
"와! 이제 다 왔다."
"야! 백두대간 힘들다."
아들은 좋아라 하고, 친구는 힘들어 한다.
백두대간은 힘보다 끈기다.


태백산 천제단 가는 길.
나무들이 모두 키가 작고 검다. 바람이 세니 키를 낮추고 뿌리를 깊이 내렸다.
어디 산속 나무들만 그러랴? 사람 사는 세상도 마찬가지다. 위로 올라갈
수록 겸손하고 깊은 내공이 필요하다.


오후 3시.

몸에서 진기가 다 빠져나간 듯 허허롭다. 몸이 새털처럼 가볍다.
그러나 아이들은 여전히 힘차고 씩씩하다.


오후 3시 40분.
태백산 천제단이다.
태백산은 눈과 바람의 산이다.
그러나 오늘은 바람 한 점 없이 고요하다.
멀리 소백산과 구룡산으로 이어진 산 물결이 파도치듯 다가온다. 아이들의
눈이 커지고 입이 벌어진다.
　"와아아! 장관이다."
　"와아아! 짱이다. 너무 멋지다."
이 푸른 오월 태백에 올라 아들과 함께 추억을 남긴다.
　'그러나 아들아! 친구도 중요하다. 너희들의 우정! 산처럼 오래도록 변치
말거라. 아들아! 그리고 구인아! 살다가 힘들고 지칠 때마다 푸른 산 백두대
간을 기억하렴. 그리고, 그리고 말이다. 오뚝이처럼 불사조처럼, 다시 일어서거
라. 오늘 태백산에서 한 너희들의 약속 잊지 말거라.'

　　비록 헛발질이 심한 더딘 길일지라도
　　아직 갈 수 있는 길이 있다는 것은 행복하다
　　끼어들거나 추월하지 않고 지름길 또한 외면한 채
　　당당히 앞을 보고 걸을 수 있는 행보를 나는 사랑한다
　　행복한 편에 선다는 것은 아직 갈 수 있는 길과

가야 할 길이 있다는 것이다.

（나종억 시인의 '가는 길' 중에서）

천제단은 하늘에 제사지내기 위해 설치된 제단으로서 천왕단을 중심으로 북쪽의 장군단, 남쪽의 하단으로 구성되어 있다.

천제단은 단군 조선시대 구을(丘乙) 임금이 쌓았다고 전해진다.

단군 조선시대에는 남태백산으로 국가에서 치제하였고, 삼한시대에는 천군이 주재하며 천제를 올렸다.

신라 초기에는 혁거세 왕이 천제를 올렸고, 그 후 일성왕이 친히 북쪽으로 와서 천제를 올렸으며, 기림왕은 춘천에서 망제(望祭)를 올렸다.

고려와 조선시대에는 방백 수령과 백성들이 천제를 올렸으며, 구한말에는 우국지사들이 쓰러져가는 나라를 구하고자 천제를 올렸다.

한말 의병장 신돌석 장군은 이곳에서 백마를 잡아 천제를 올렸고, 일제시대에는 독립군들이 천제를 올렸다.


아이들은 천제단이 신기한지 안으로 들어간다.

천제단을 돌며 목탁을 두드리는 신도들 속으로 아이들이 끼어든다.

구인이는 합장을 하며 절을 한다.

바람을 타고 천제단의 향냄새가 멀리 멀리 퍼져나간다.


잠시 후 장군봉이다.

장군봉 뒤로 함백산과 매봉산, 두타산과 청옥산 그리고 멀리 자병산과 점봉산 대청봉이 선명하다.

앞으로 우리가 가야 할 길이다.


오후 4시 50분.

유일사 매표소다.

세 남자가 합동으로 소피를 본다.

　아이들 얼굴에 활기가 넘친다. 조금만 가면 차를 탈 수 있다는 희망 때문이다. 희망이 있으면 힘들어도 힘든지 모른다. 희망은 진통제요, 마취제다.

　부처님 오신 날이 내일이다.

　유일사 마당은 잔치 분위기다.

　한 남자가 웃으면서 다가온다. 그가 점퍼 주머니에서 지갑을 꺼낸다.

　"아침부터 굶어서 그런데 먹을 것 좀 있으면 파시겠어요?"

　"아니 놔두세요."

　순간 아들은 연양갱을, 나는 사과와 달걀을 꺼냈다.

　"여기 이걸로 요기 좀 하세요."

　"아! 예. 너무 너무 고맙습니다. 서울 쪽으로 가시면 저 차 태워드릴게요."

　"아닙니다. 저희들은 택시를 타고 갑니다."

　삶은 돌고 도는 것이다.

　신선봉에서 산악회 아줌마한테서 받은 떡과 거봉 포도는 유일사에서 삶은 계란과 사과로 바뀌어 배고픈 사람을 구했다. 인과응보(因果應報)다. 뿌리면 거두고 주면 받는다.


　오후 5시.

　산행 11시간째다.

　고요한 사길령 내리막길이다.

　구인이가 다리를 절뚝인다.

　나는 발톱이 아프다.

　그러나 아들은 생생하다. 막 뛰어간다.

오후 5시 30분.
사길령 산신각이다.
유래비가 서 있다.


이곳 태백산 사길령은 경상도에서 강원도로 들어오는 관문으로서 높고 험하기로 유명하였지만, 가장 가깝게 들어올 수 있는 길이었기에 길손의 왕래가 많았고, 특히 보부상들이 수십 혹은 수백 명씩 대열을 이루어 계수의 인솔 하에 넘어 다녔다.

산이 험하여 맹수와 산적들이 많이 출몰하기에 그들은 고갯길에 무사안전을 위하여 고갯마루에 당집을 짓고 제사를 올리게 되었으며, 지금도 매년 음력 4월 15일 태백산 산신령에게 제사를 올리고 있다.

현재 태백산 사길령 산령각계회에 보관 중인 '천금록'은 200여 년 전부터 보부상들이 이곳 태백 산신령각에서 제사를 지낸 기록으로서 우리나라에서 유래가 없는 매우 귀중한 자료로 평가되고 있다.


아이들이 굳게 닫힌 산령각 문을 연다.
구인이가 산신령에게 합장하고 고개 숙여 절을 하자 아들도 따라한다.
산신각 뒤로 돌아가자 토끼 한 마리가 쪼그리고 앉아있다. 멀뚱멀뚱 쳐다만 볼 뿐 도망갈 생각이 없다.


오후 5시 40분.

사길령 매표소다.

"지수야, 구인아, 이제 다 왔다."

"와아아! 해냈다."

아들과 구인이를 힘차게 껴안았다.

가슴이 뭉클해지면서 눈물이 핑 돈다.

"나는 정상에 올랐을 때보다 이렇게 내려왔을 때 보람을 느끼고 기분이 좋더라."

"아! 나도 정말 기분이 좋다."

"지수야! 주모경 바치자."

하느님도 우리 때문에 피곤하셨다. 감사기도는 하느님께 드리는 보약이고 피로회복제다.


사길령 입구에 무장공비 침투지역 표지판이 서 있다.

"아빠, 무장공비가 이곳으로 들어온 때가 언제야?"

"너희들이 태어나기 훨씬 전이다."

"그때가 언제야?"

"1968년이다."

"우와! 40년 전이야."


녹전택시를 타고 도래기재로 향했다.

졸음이 폭포처럼 쏟아진다. 아이들은 코를 골며 금방 곯아떨어진다.

택시기사의 입담이 대단하다.

제1탄은 도래기재와 우구치 금광이야기, 제2탄은 무장공비와 개코 이야기다.

재미난 이야기가 졸음을 쫓았다.


치악휴게소다.

소머리국밥에 밥을 말아서 땀을 뻘뻘 흘리며 먹고 난 다음,

"와아아! 이제 살 것 같다. 아빠, 우리 사우나하고 영화보러 갈 거야."

"잠은 안 자고?"

"괜찮아."

"참 좋을 때다."

# 이 고통은 훗날 약이 되고
# 큰 힘이 될게다

# 23코스 화방재 ~ 함백산 ~ 금대봉 ~ 매봉산 ~ 피재

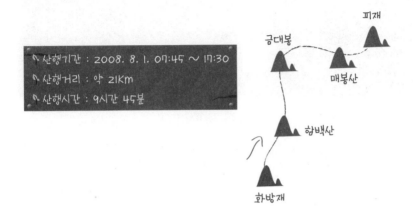

산행기간 : 2008. 8. 1. 07:45 ~ 17:30
산행거리 : 약 21Km
산행시간 : 9시간 45분

## 윤회(輪廻)

*개미 한 마리가 죽은 지네를 끌고 있다. 대단한 힘이다.*
*생은 저리도 치열한 것인가? 죽은 지네는 개미의 밥이 된다. 살아있는 것들은 죽은 것을 먹고,*
*죽은 것은 산 것의 몸속에서 부활한다. 삶과 죽음의 끝없는 순환이다.*

새벽 4시.

아버지와 아들이 십자고상 앞에 무릎을 꿇고 있다. 기도는 신을 향한 인간의 언어다. 인간은 기도를 통해 신과 교감한다.

아내가 아파트 베란다에 서서 손을 흔든다. 나는 비상등을 깜박이며 마음을 전한다. 아내를 향한 이심전심이다. 백두대간의 반은 아내가 해냈다.

새벽 6시 반.

수라리재다.

영월 석항에서 녹전으로 넘어가는 해발 600m 고개다.
고갯마루에 올라서니 바람이 선선하다.
차 뒤에서 웅크리고 자고 있던 아들이 일어난다.
"으으~ 어어어~ 추워! 아빠, 여기 어디야?"
풀벌레소리를 들으니 머리가 맑아진다.

채소밭 옆에 흙구덩이를 파고 똥을 눴다.
똥을 누고 나니 뱃속이 화하다. 뱃속이 박하사탕이다. 배설의 쾌감에 몸이
날아갈 듯 가볍다.

"…… 내 숨구멍에서 하! 하는 탄식음 터지자 내 몸 저 깊은 곳까지 한 우주가 팽창한
다……."

(정우영 시인의 '연등' 중에서)

상동 태백으로 계곡 길이 이어진다.
산이 높으니 골도 깊다.
국도변 마을에서 연기가 피어오른다. 옥수수 굽는 냄새가 구수하다.

아침 7시 45분.
화방재다.
산으로 드는 들머리다.
"에! 딸기다."
"너 먹어라."
아들의 입으로 산딸기가 들어간다. 딸기 한 알에 깊은 정이 배어있다.

가파른 오르막이다. 몸이 무겁다.
아들이 앞서간다.
산바람이 얼굴을 스친다.
나무 이파리가 서걱인다.
개미들이 떼를 지어 몰려다닌다.
이마에서 땀이 뚝뚝 떨어진다. 세속에 찌든 땀
이다.

아침 8시 15분.
수리봉(1,214m)이다.
표지석 뒷면에 글이 새겨져 있다.
'2007년 9월 1일 항공지원을 받아 강원도에서 세우다.'

풀이 우거져 얼굴과 몸을 휘감는다.
땀 냄새를 맡고 하루살이가 달려든다. 사람 몸 어디에서 이렇게 땀이 솟아
나는지? 사람 몸은 물이 70%다.
바람이 땀을 식혀준다. 삶도 육신도 바람이려나?
구름 사이로 햇살이 비친다.
아들이 또 보이지 않는다. 핏줄의 끈! 인연의 끈은 질기다.

그의 상가에 다녀왔습니다
환갑을 지난 그가 아흔이 넘은 그의 아버지를 안고
오줌을 뉜 이야기를 들었습니다
생(生)의 여러 요긴한 동작들이 노구를 떠났으므로,
하지만 정신은 아직 초롱같았으므로
노인께서 참 난감해 하실까봐
"아버지, 쉬, 쉬이, 어이쿠, 어이쿠, 시원하시것다아"
농하듯 어리광 부리듯 그렇게 오줌을 뉘였다고 합니다
……
툭, 툭 끊기는 오줌발, 그러나 그 길고 긴 뜨신 끈,
아들은 자꾸 안타까이 땅에 붙들어 매려했을 것이고

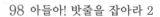

아버지는 이제 힘겹게 마저 풀고 있었겠지요
쉬~
쉬! 우주가 참 조용하였겠습니다.
(문인수 시인의 '쉬' 중에서)


아침 8시 50분.
낙엽송 숲길이다.
산이 느껴진다. 산소리가 들린다.
음음음……. 우웅우웅……. 웅웅웅…….
무슨 신음소리 같기도 하고 징소리 같기도 하고……. 온몸에서 소름이 돋
는다.
기묘한 체험이다.


오전 9시.
군사시설 철조망이 나타난다.
미군 병사 한 명이 문을 따고 들어간다.
"헬로우!"
그를 향해 아들이 손을 흔든다. 반가운 표정으로 그도 손을 흔든다.
사진 촬영을 요청하자 입에 물었던 담배를 손에 들고 환하게 웃으며 포즈
를 취한다.
"Thank You. Bye, Bye."
"감사합니다."


"미국은 별로지만 미군은 괜찮아."
"그래도 힘이 있는 나라니깐 어쩔 수 없잖아."
"아빠, 여기 무슨 핵시설인가 봐?"
"글쎄 말이다."


오전 9시 15분.
잠자리 떼다.

아들이 손을 내밀자 잠자리 한 마리가 살짝 내려앉는다. 아들과 잠자리의 기막힌 교감이다.

"이봐! 잠자리가 붙었어."

잠자리가 따라온다. 잠자리 호위군단이다.

잠자리 떼의 경호를 받으며 걷는 기분! 구름 위에 뜬 기분이다.


만항재다. 사람소리가 들린다.

표지석 뒤에 유래가 적혀있다.


만항마을 위쪽에 있는 고개로 태백 영월 경계에 있다.

해발 1,330m로 우리나라에서 자동차가 오를 수 있는 포장도로 중 가장 높은 곳이다. 동네 말로 능목재(늦은목이재)라 불리는 곳이다.

옛날 이 재를 넘어 황지, 춘양까지 소금과 함께 생필품을 운반했다고 한다.

(2006년 11월 16일, 정선군 고한읍장)


오전 9시 30분.

함백산 들머리다.

"야! 초가을 날씨다."

"뭐 등산하는 것 같지도 않네."

산죽나무 이파리가 바람에 서걱인다.

인간이 없으니 산이 고요하다. 소음 없는 세상이 산에 있다. 백두대간 유토피아다.

함백산 오르막은 야생화 천국이다. 곳곳에 이름 모를 들꽃이 피어있다.

하늘나리와 검은 나비의 교접이다. 꽃 하나에 벌 세 마리가 붙어있다. 꽃은 벌과 나비를 유혹한다.

8월 8일부터 17일까지 열흘 동안 정선군 고한읍 만항재와 삼척탄좌 정암광업소 폐갱도 등

에서 함백산 야생화 축제가 열린다.

올해로 세 번째 맞이하는 야생화 축제는 고원의 잔치다.

해발 1,300m 산 정상에 마련된 축제장은 인공의 때가 묻지 않은 자연축제다.

함백산은 사연이 많다. 겉으로 보기엔 멀쩡하지만 내면은 할퀴어질 대로 할퀴어진 내출혈 환자나 다름없다. 폐광의 흔적이 곳곳에 남아 있는 산, 그 산이 꽃을 피워 올렸으니 사람들은 얼마나 미안할까?

그러나 산은 말이 없다. 상처 난 속내를 자긋이 열어 무더위에 지친 사람들을 어루만진다.

(2008년 8월 8일자, 〈강원도민일보〉 중에서)


우리나라 야생화 종류가 4천여 종인데 이곳에서 볼 수 있는 것이 2천여 종이나 된다. 그래서 함백산은 야생화 보호구역이다.

멧돼지가 땅을 갈아엎었다. 군데군데 파헤친 흔적이 눈에 띈다.

깊은 산이다.

휴식시간이다. 자유시간과 자두 한 개로 허기와 갈증을 달랜다.


산행 부부를 만난다.

"정말 자네는 좋은 아버지 만났네."

"와아아! 참말로 대단하네요. 저도 백두대간 한 번 해보고 싶어요. 계속해서 걸으면 한 40일 정도면 되겠지요?"

"아! 그럼요. 꿈꾸고 도전하면 됩니다. 힘내서 한 번 도전해 보세요."


새소리가 들린다.

뾰로롱~ 쪽쪽쪽……. 뾰로롱~ 쪽쪽쪽 …….

"아! 라디오에서 들은 새소리다. 와아아! 진짜 새소리 맑네."

"야, 입 다물고 가만히 눈을 감아봐."

함백산 숲속에서 사내 둘이 눈을 감는다. 새소리, 풀벌레소리, 바람소리를 듣는다. 백두 대간 오케스트라의 멋진 연주다.

오전 10시 45분.

함백산(1,672.9m) 정상이다.

일망무제다. 망망대해다. 산 물결이 파도치듯 다가온다.

"쏴아아~ 쏴아아~."

바람이 분다. 거센 바람이 분다.

표지석 앞에 서 있는 아들이 흔들린다.

아들의 머리 위로 파란 하늘 새털구름이 내려온다.

"와아아! 너무 좋다. 너무 좋아."

"아아! 가슴이 확 트이네."

오전 11시.

철조망 사이로 주목 숲이 이어진다.

비인간적인 철조망이다.

산간 도로로 차량행렬이 이어진다. 쉽게 산을 오르는 사람들이다.

산은 이제 여름의 끝자락이다. 꽃이 피고, 벌이 날고, 잠자리가 난다.

메뚜기 새끼들이 폴짝폴짝 뛰어오른다. 메뚜기는 높이뛰기 선수다.

오전 11시 반.

"아빠, 우리 여기서 밥 먹자."

주목나무 아래 돌 탁자에 자리를 잡는다.

"어때? 명당이지?"

"야, 너 정말 제법이다. 우와! 멋진 식탁이다."

돌 탁자와 돌 의자로 만든 멋진 쉼터다. 동부지방산림청의 기발한 아이디어다.

소고기볶음, 고추, 김치, 깻잎, 된장…….

하얀 쌀밥에 고추를 된장에 푹 찍어서 꿀꺽, 세상은 30도라는데 시원한 그늘에서 최상의 식사다.

"너 이번 수시 2차에 한 번 도전해봐라. 너는 해낼 수 있을 거야."

"응! 아빠, 걱정 마. 한 번 해볼게."

"그래. 면접시험은 내가 도와줄게."

사는 일은 도전과 응전의 연속이다.

아들은 산에서 용기를 얻는다.

음식에 파리와 벌, 개미가 달라붙는다. 아들은 밥과 음식을 조금씩 떼어서 던져준다.

밥 먹기 전에 미리 좀 줬어야 했는데…….

삶은 나눔이고 음식도 나눔이다. 나누지 않고 혼자만 먹으면 가만히 내버려 두지 않는다.


낮 12시 반.

중함백을 지나고 은대봉을 향한다.

정암사와 비단봉, 함백산 삼거리다.

80m 아래에 샘터가 있다.

아들이 배낭에서 자두를 꺼냈다. 자두를 좋아하는 아들이다.

아내는 아들이 좋아하는 과일을 잔뜩 넣어주었다.


…… 세상의 고달픈 바람결에 시달리고 나부끼어

더욱 더 의지 삼고 피어 헝클어진 인정의 꽃밭에서

너와 나의 애틋한 연분도 한 방울 연연한 진홍 빛 양귀
비꽃인지도 모른다
사랑하는 것은 사랑을 받느니보다 행복하나니라 ……
　　　　　(청마 유치환 시인의 '행복' 중에서)

은대봉 오르막, 대 침묵 시간이다.
둘은 멀리 떨어져 묵묵히 걷는다.
나무 지팡이 홀로 내 친구다.
수많은 생각들이 스치고 지나간다. 생각으로부터 자유로울 수는 없을까?
해탈과 열반은 무념무상의 순간이 아닐까? 사바세계의 수많은 관계, 거짓말,
명예욕, 재물, 색욕……. 인간의 마음은 탐욕의 샘이자 근원이다. 탐욕은 인
간의 본성이다.
얼굴에서 줄땀이 흐른다.
잠자리 한 마리가 팔에 달라붙는다.

길고 긴 은대봉이다.
정상인가 싶으면 아니고, 또 정상인가 싶으면 아니다.
사는 일도 비슷하다.
가진 것을 다 내어놓고 진을 다 빼어놓는다.

오후 1시 10분.
은대봉(1,442m)이다.
봉보다 이름이 예쁘다.
금대봉이 눈앞이다.
여인네의 젖무덤처럼 부드럽게 봉긋 솟아있다.
금대봉은 육산의 전형이다. 육산은 음이요, 악산은 양이다.
두문동 내리막이다.
잠자리가 앞서간다. 잠자리는 가을의 전령사다. 빙빙빙! 가을이 오고 있다.

오후 1시 40분.

두문동재다.

산림청 감시초소다.

감시원이 나타난다. 파란 모자에 뱁새눈이다.

감시원은 한결같이 뱁새눈이다. 직업은 못 속인다.

"어디까지 갈려고 그래요?"

말씨가 퉁명스럽다.

"금대봉까지 갈려고요."

"백두대간 다닙니까?"

"예! 그렇습니다."

"다니더라도 알고나 다니세요. 원래 금대봉은 산림청에서 2010년까지 생태계 보전지역으로 지정하여 출입을 못하게 하고 있어요. 이쪽으로 와서 적고 가세요."

마음은 고맙지만 말이 고약하다. 완장의 힘은 대단하다.

산행로가 잘 정비되어 있다.

완만한 오르막길이다.

"아빠, 이제 피재까지 8.1km 남았어. 한 4시간 더 가야 되겠네."

아들도 이제는 지치는가 보다.

오후 2시 10분.

금대봉이다.

1,418m 양강 발원봉(兩江 發源峰)이다.

한강과 낙동강의 시원이다.

북동쪽으로는 한강 발원지 검룡소를, 남동쪽으로는 낙동강 발원지 용소를 품고 있다.

산 물결이 파도치듯 다가온다.

백두대간은 이제 태백산과 함백산, 비단봉과 은대봉을 지나 동해를 옆구리에 끼고 두타 청옥을 향해 달려간다.

아들이 허리를 굽혀 표지석에 뽀뽀를 했다. 산에 대한 지극한 사랑과 감사의 표시다.

오후 2시 반.
잠자리와 나비가 사라졌다.
"이상하다. 고도가 높아서 그런가?"
"글쎄다. 곤충들이 한 마리도 보이지 않네?"
"아! 가을이다. 가을이 오고 있다."
길옆에 출입금지 경고문이 붙어있다.
금대봉 ~ 피재 구간은 2010년 5월 6일까지 자연 휴식년제다.
"아빠, 백두대간 다니기 참 어렵네. 산불감시기간, 자연휴식년제, 출입금지……."
"그래도 우리가 이렇게 걸을 수 있다는 게 얼마나 고마운 일이냐."
"그건 그래! 괜히 말했다가 본전도 못 찾았네."

오후 3시.
용연동굴과 피재 갈림길이다.
앞서간 아들이 보이지 않는다.
"지수야 ~~~."
소리를 질러도 반응이 없다.
'이 자식이 용연동굴 쪽으로 간 거 아니야?'
걱정이 된다.
다시 "지수야~~" 하자 "어어엉~" 하는 소리가 들린다.
"야, 앞으로는 200m 이상 떨어지지 마라."

매봉산 가는 길 곳곳이 쉼터다.
넓적바위와 돌 의자가 곳곳에 배치되어 있다. 산을 찾는 사람들에 대한 배려다. 산림청 직원의 멋진 아이디어다. 쉼터 곳곳에 그들의 손길과 정성이 배어있다.

개미 한 마리가 죽은 지네를 끌고 있다. 대단한 힘이다.
생은 저리도 치열한 것인가? 죽은 지네는 개미의 밥이 된다. 살아있는 것들

은 죽은 것을 먹고, 죽은 것은 산
것의 몸속에서 부활한다. 삶과
죽음의 끝없는 순환이다.

오후 3시 20분.
부부 대간 종주자를 만났다.
"두 분 참 좋아 보입니다."
"아니, 뭘요?"
"애가 씩씩하게 잘 가네요."
"처음에는 제가 앞서 갔는데 어느 순간 그렇게 됐습니다."
"그러니 말입니다. 세월 앞에 장사 없어요."

내 몸이 이 세상에 머물기를 끝내는 날
나는 전 속력으로 달려 나갈 테다
......
나는 서러워하지 않을 테다
이 세상에서 내가 꾼 꿈이
지상에 한갓 눈물 자국으로 남는다 해도
이윽고 그 꿈이 무엇이었는지
그때 가서 다 잊었다 해도

(신경림 시인의 '눈' 중에서)

쑤아밭령의 수백 년 묵은 물푸레나무 그늘이다.
그늘에 앉아서 눈을 감는다. 바람이 불어온다. 바람 속에 가을이 묻어난다.
짧은 휴식으로 몸은 다시 힘을 얻는다.
쉬자는 몸과 가자는 마음의 싸움이다. 몸보다 마음이 먼저 일어선다.

오후 3시 40분.
비단봉 오르막이다.
가파르지 않은데도 기력이 떨어진다.
아이스크림과 콜라가 먹고 싶다. 몸이 힘들면 잡념이 없어진다. 오로지 먹

고 쉬는 것만 생각난다.

바람이 몸속으로 파고든다. 땀방울이 바람에 씻긴다. 바람은 탐욕의 때도 씻어낸다.

또 다시 눈을 감는다. 풀벌레소리가 들린다. 풀벌레소리에서 박하 향이 난다.

오후 3시 45분.

비단봉(1,281m)이다.

지나온 길이 압권이다. 산 물결이 장관이다.

쏴아아! 바람이 밀려온다. 바람이 파고든다. 땀방울이 부서진다.

"와아아! 대단하다."

아들의 입이 벌어진다.

아들의 눈 속으로 산 물결이 들어온다.

오후 4시 10분.

고랭지 채소밭이 눈앞에 펼쳐진다.

배추 맛이 가장 좋다는 태백 고원지대다. 40만 평 배추밭에 배추가 **빽빽**하다.

파란 밭 위로 하얀 풍차가 돌아간다.

스르륵! 스르륵! 바람개비 도는 소리가 들린다.

오후 4시 30분.

매봉 풍력 발전소다.

쉭이익! 쉬익 쉭! 바람개비가 돌아간다.

2004년부터 2006년까지 총 공사비 135억 원을 들여서 세운 8기의 풍차는

223만 kWh의 전력을 생산하고 있으며, 이는 1기당 하루에 1,000여 가구가 쓸 수 있는 전력량이라고 한다.

　풍력발전은 전력생산량이 일정하지 않고 초기 투자비용이 많이 드는 단점은 있지만, 고유가와 온실가스 감축문제에 대한 대책으로 미국, 영국, 중국 등 주요 에너지 소비국들이 풍력발전소 건설을 앞다투어 추진하고 있다.
　미국 텍사스주는 2012년까지 400만 가구에 전기를 공급할 수 있는 18.5Gw급 풍력발전소를, 중국은 2010년까지 10Gw를, 영국은 2020년까지 7천 기의 풍력발전 터빈을 연안 해상에 설치해 영국 전체 전기 수요의 4분의 1을 충당할 계획이다.

(2008년 8월 4일자, 〈중앙일보〉에서)

　"오늘 산행은 산행이 아니라 관광이다. 너, 백두대간 안 다녔으면 이런 광경 언제 보겠냐?"
　"정말 대단하다."
　"학교 공부만 공부가 아니다.

오후 4시 45분.
매봉산(1,303m)이다.
매봉산은 피재에서 부산 다대포까지 이어지는 낙동정맥의 분기점이다.
낙동정맥은 백두대간에서 갈라져 나간 산줄기의 하나다.
1,300리 낙동강의 발원지가 태백 황지다.

땀이 흐른다. 얼굴이 따끔거린다.
사과 한 개를 반으로 쪼갰다. 사과는 반이지만, 마음은 두 배다.

이제 피재(삼수령) 하산길이다.

"내일 기상예보 좀 알아봐라. 비가 오면 집에 가고, 안 오면 민박이다. 너는 제발 비가 왔으면 좋겠지?"

"……."

아들이 핸드폰을 꺼내든다.

"아빠, 태백지방에 비올 확률 80%라는데."

"진짜냐?"

"아! 그럼, 진짜지."

"그러면 집에 가자."

"야호!!"

아들이 소리를 지르며 뛰어 내려간다.


오후 5시 30분.

피재다.

피재의 다른 이름은 삼수령(三水嶺)이다. 이곳의 물은 한강과 낙동강, 삼척 오십천으로 흘러든다.


택시를 불렀다.

택시 안에 부부가 타고 있다. 산에서 만난 부부 대간 종주자다.

부인이 캔 커피를 건넨다.

그들은 어제와 오늘 댓재 ~ 피재 ~ 화방재 '땜방' 구간을 끝으로 백두대간 종주를 마친다고 했다.

"아! 정말 축하합니다."

"고맙습니다."

"가장 기억에 남는 구간은요?"

"덕유산 구간입니다. 하루 종일 비를 맞으며 걸었어요. 빼재에 도착했을 때는 완전히 탈진했습니다."

"아빠, 우리도 그랬잖아. 맞지?"

"그래."

"아저씨, 저는 거기서 아주 죽는 줄 알았어요."

"하하하하."

"그때는 힘들었지만 지나고 보면 다 아름다운 추억이란다."

산행기간 : 2008. 9. 13. 08:30 ~ 19:30
산행거리 : 약 26km
산행시간 : 11시간

댓재

덕항산

피재(삼수령)

# 잃어버린 사진기

5년 전 백두대간을 시작할 때 아내가 사준 귀한 사진기다.
지리산 천왕봉에서 댓재까지 오는 동안 우리와 함께 하며 아름답고 눈물겨운 장면들을
포착해서 가슴을 찡하게 했던 손때 묻은 사진기다.

가을에는 기도하게 하소서
낙엽이 지는 때를 기다려 내게 주신
겸허한 모국어로 나를 채우소서
가을에는 사랑하게 하소서
오직 한 사람을 택하게 하소서
가장 아름다운 열매를 위하여
이 비옥한 시간을 가꾸게 하소서
……

(김현승의 '가을의 기도' 중에서)

새벽 5시.
시계가 울린다.
모자챙에 이빨자국이 나 있다.
거실 바닥 곳곳에 산행장비가 어질러져 있다.
고양이 두 마리가 문틈으로 고개를 살짝 내민다.
출발 전 아들과 함께 주모경을 바쳤다.
등산화를 신고 있는데 아내가 말을 건넨다.
"새 등산화 어때?"
"감촉이 참 좋아."
"역시 비싼 게 좋네."
발과 등산화의 멋진 궁합이다.

중앙고속도로는 차량 불빛으로 가득하다.
"아빠, 저 차들 모두 고향 가는 거지?"
"그럼!"
"왜 해필 오늘 산에 가는 거야?"
"연휴 빼놓으면 시간이 없잖아."
"조금 있으면 수시원서도 써야 하고 수능도 봐야 되고……."
"힘들지만 연휴 첫날 갔다 오면 좀 여유가 있잖아."

"아빠, 부지런히 걸으면 몇 시간 걸려?"

"빠르면 9시간, 늦으면 12시간."

"휴우~~~."

"좀 자라. 태백 도착하면 깨워줄게."

영월 ~ 태백 35번 국도는 한산하다.

아들은 금방 잠이 든다.

나도 눈꺼풀이 천근만근이다.

석항 굴을 빠져나와 차를 세우고 단잠에 빠져든다.


아침 8시 반.

태백 시내를 지나 한참을 달리니 피재다.

차를 세우고 구멍가게로 들어갔다. 연양갱 3개와 자유시간 3개를 3천원에 샀다.

"아빠, 완전히 333이네."

"너 진짜 순발력 대단하다."

"아니 뭘, 그걸 가지고 그래."

"아니야! 너 참 머리 좋네."

"에이, 쑥스럽게."


가을 산은 고요하다.

산도 휴식이 필요하다.

한여름 그 짙푸른 녹음과 매미는 다 어디로 갔을까?

소음 없는 산에 풀벌레소리만 가득하다. 자연의 소리는 생명이요, 은총이다.

"아빠, 몇 시간 걸려?"

"11시간 걸린다니까!"

"저녁 늦게 도착하겠네."

"야, 밤 9시쯤 도착한다고 생각하고 있어라. 어차피 걸을 만큼 걸어야 한다."

"배낭에 저녁 먹을 거 있어?"

"없다."
"어휴! 오늘 고생께나 하겠다."

평탄한 숲길이 계속된다.
"아빠, 길이 엄청 편하네."
길은 편하지만 마음이 무겁다.
"야, 너 수시원서 준비하고 있냐?"
"응! 걱정 마."
"너 《시크릿》 책 읽어봤지?"
"아! 물론이지."
"꼭 해낼 수 있다는 마음을 먹고 자꾸 노력하면 이루어진다."
"그것 참 생각하면 생각할수록 신기해."
"생각이 습관을 바꾸고, 습관이 삶을 바꾼다."

오전 10시.
산그늘이 시원하다.
자꾸 눈이 감긴다. 눈이 천근만근이다.
갑자기 발이 뒤틀리면서 몸이 휘청한다.
"어어! 아빠, 조심해."
"야, 내가 잠깐 졸았다."
직장에서 무리한 탓이다.
정신이 몸줄을 탁 놓아버렸다. 생사는 순식간이다.
"아빠, 큰일 날 뻔했다."

모든 죽음을 먹고 자라는 삶은 가열차다.
허물을 벗어 던지고 나비는 가장 가벼운 육신으로 지상을 뜬다.
존재는 죽음의 끝에서만 가벼워지는 것인가.
참을 수 없는, 오오 참을 수 없는 존재의 가벼움.

(소설가 이외수)

"지수야, 오늘 사람 만날 수 있을까?"
"송이나 약초 캐는 사람은 있겠지."

건의령(巾依嶺) 500m 앞이다.
무명 묘가 나타난다.
"어떻게 이런 데까지 묘를 썼을까?"
"글쎄 말이다."
"그래도 벌초는 했네."
숲에 드니 머리가 맑아진다. 숲이 주는 피톤치드 효과다.

오전 11시.
건의령이다.
도로 공사가 한창이다.
고갯마루 밑으로 태백 상사미마을이 포근하다.
길옆에 유래비가 서 있다.

건의령은 태백 상사미에서 삼척 도계로 넘어가는 고갯길이다.
고려 말 때 삼척으로 유배 온 공양왕이 궁촌에서 살해되자 고려의 충신들이 이 고개를 넘으며 다시는 벼슬길에 나서지 않겠다고 하며, 고개를 넘어 태백산 등으로 몸을 숨겼다고 하는 전설이 전해지는 유서 깊은 고개다.
여기서 관모와 관복을 벗어 걸었다고 하여, 관모를 뜻하는 건(巾)과 의복을 뜻하는 의(依)를 합쳐 건의령이라고 부르게 되었다.

아들한테 유래비를 읽어주자 듣는 둥 마는 둥이다.
"아빠, 큰재까지 14.7km 남았어. 휴우! 앞으로 10시간 더 가야 되겠네."
"야, 어차피 깜깜해야 들어간다. 걸을 만큼 걸어야 된다. 백두대간에 지름길은 없다."
"그거 누가 몰라. 날개가 있으면 날아갔으면 좋겠네."
"쉽게 얻은 것은 쉽게 없어지고, 어렵게 얻은 것은 그만큼 오래간다."

폿대봉 가는 길.

아들이 앞서가기 시작한다.

거미줄이 아들의 얼굴을 감는다.

"아! 거미줄이 왜 이래?"

"나무 작대기를 손에 들고 가면 돼. 내가 앞장 설 때도 거미줄이 얼굴을 감았다. 이제 아빠 마음 알겠냐?"

"맞아! 다 해봐야 알아."

오전 11시 25분.

폿대봉 삼거리다.

초코파이 한 개가 떨어져있다.

봉지를 뜯고 입 안에 털어 넣으니 맛이 그만이다.

새카만 똥이 군데군데 무덤이다. 똥이 한 말이다.

"아빠, 똥봉이다, 그치?"

"참 재미난 표현이다."

"큰 짐승 똥 같은데."

"혹시 산돼지 똥이 아닐까?"

구부시령 가는 길은 돌길과 잡목지대가 이어진다.

"아빠, 지금 입시제도는 공부 못하는 애들한테 유리해."

"그래서 시골에 있는 애들도 서울대 갈 수 있잖아."

"그건 그런데, SKY대는 그런 애들 안 받으려고 논술고사를 봐. 그래서 논술학원도 엄청 많이 생겼어."

현 입시제도의 핵심을 찌르는 말이다. 아들의 시각이 날카롭다.

"야, 그런데 네가 입시제도를 바꿀 수 있냐?"

"아니."

"그러면 네가 제도에 맞추면 되지. 꼭 공부 못하는 놈들이 말이 많아요."

"아! 그렇다는 얘기지, 말도 못해."

"야, 오르막이다. 이제부터는 땀 좀 나겠다."

1161봉 긴 오르막이다.

이마에서 땀이 뚝뚝 떨어진다.

여름 같은 가을이다.

아들의 이마에도 땀이 배어나온다.


길이 몸 안으로 흘러 들어온다. 길은 몸 안으로 들어와 몸 밖으로 나간다.

(소설가 김훈)


아들이 버섯을 발견했다.

먼지 버섯이다. 지팡이로 누르자 풍선처럼 쏙 들어간다. 작은 구멍 사이로 먼지가 퐁퐁 솟는다. 먼지가 바람을 타고 하얗게 퍼져 나간다.

배가 고프다. 진이 빠진다.

구부시령까지 2.3km다.

새벽밥을 먹고 8시간을 굶었다. 배가 고프니 정신이 맑다. 육신과 정신은 동전의 양면이다.

바람이 시원하다. 바람 맛이다. 밥 대신 바람을 먹는다.

"야, 너 왜 머리 깎았냐?"

"선생님한테 걸려서."

"빡빡 깎지 그랬냐?"

"그러면 반항한다고 혼나지. 9월 말까지만 버티면 되는데 못 버티고 애들이 다 걸렸어."

"공부 하는 놈들이 무슨 머리는 그렇게 신경 쓰고 그러냐? 니네들이 무슨 삼손이냐?"

"에이, 아빠는 학교 다닐 때 안 그랬어?"

"나는 그래서 아예 빡빡 깎고 다녔다. 나는 지금도 머리를 빡빡 깎고 싶다."

힘이 빠진다.

눈을 감고 입을 벌리고 고개를 들고 서 있다. 입 안으로 바람이 쏟아져 들어온다. 몸이 붕붕 뜨는 느낌이다.

오후 1시.
넓고 편평한 나무 그늘이다.
"지수야, 우리 밥 먹자."
반찬은 미역국과 소고기볶음, 김치, 청양고추, 멸치볶음, 계란부침이다.
비옷을 땅바닥에 펼치자 멋진 식탁이 차려진다.
"그래도 밥 먹을 때가 제일 좋다."
"맞아! 그건 나도 그래."

오후 1시 반.
다시 출발이다.
밥 먹고 나서 30분, 온 몸이 땀범벅이다.
봉을 3~4개 넘으니 배가 쑥 꺼진다. 소화제 산행이다.
물을 벌컥벌컥 들이키는 아들의 목울대가 불룩불룩한다.

오후 2시 15분.
구부시령(九夫侍嶺)이다.
서방과 여인네는 간데없고 돌무덤만 남아 있다.
아들이 유래를 소리 내어 읽는다.

　구부시령은 태백 하시미동 외나무골에서 삼척 도계읍 한내리로 넘어가는 고개다. 옛날 하사미 고개 동쪽 한내리 땅에 기구한 팔자를 타고난 여인이 살았는데, 서방만 얻으면 죽고 또 죽고 하여 무려 아홉 서방을 모셨다고 한다. 그래서 아홉 남편을 모시고 산 여인의 전설에서 구부시령이라고 하였다고 한다.

오후 2시 반.
기온이 뚝 떨어진다.
바람이 차다.
큰 나무가 나타난다. 나무에서 센 기운이 느껴진다.
"아빠, 나무에도 내공이 있다면서?"
"내공이 아니라 품격이다."

"내공이나 품격이나, 그게 그거잖아."

"나무는 가만히 있는데 사람들이 난리다. 나무를 팔로 한 번 껴안아 줘라."

아들이 두 팔을 벌려 나무를 껴안는다.

"나무야, 사랑한다."


오후 2시 45분.

덕항산(德項山, 1,071m)이다.

안개가 짙어서 지척 분간이 어렵다.

"너 발 밑이 그 유명한 삼척 대이동굴이다."

"아! 그 환선굴."

삼척시 신기면 대이리에 위치한 환선굴은 길이 6.5km, 높이 30m, 폭 100m, 생성연도 5억 3천만 년의 동양 최대의 동굴이다.


덕항산은 태백 하사미와 삼척 신기면과의 경계에 솟아 있는 산으로 옛날 삼척 사람들이 이 산을 넘어오면 화전을 할 수 있는 편편한 땅이 많아 덕메기산이라고 하였다. 한자로 표기하면 덕항산이다. 산 전체가 석회암으로 되어 있고 산 아래에는 유명한 환선동굴과 크고 작은 석회동굴이 분포되어 있다.


오후 3시.

산안개가 짙다. 10m 앞도 안 보인다. 앞서가는 아들의 실루엣이 희미하다.

세 아름쯤 되어 보이는 소나무가 서 있다. 산안개와 소나무가 조화롭다. 소나무에서 연륜이 느껴진다.

카메라에 풍경을 담았다.

"다음 달에 내 돈으로 사진기 사야지."

"너가 무슨 돈이 있냐?"

"하여튼 살 수 있어."

사진에 관심 많은 아들이다.


자암재 가는 길, 우리는 지금 환선굴 위를 걷고 있다.

안개가 짙으니 산이 깜깜하다.

"아빠, 지금이 꼭 무슨 밤 같아."

"밖에 있다가 극장 안에 들어온 기분이다."

빛의 변화에 눈은 민감하게 반응한다. 변화의 속도에 몸이 따라가지 못한다.


오후 4시.

자암재다.

고갯마루 넓은 터다.

여기서 환선굴과 백두대간이 갈린다.

사과 한 개를 반으로 쪼갰다. 사과가 푸석푸석하다.

땀 냄새를 맡고 파리가 달려든다. 곤충들은 냄새에 민감하다. 곤충은 주검을 먹고, 주검은 곤충의 몸속에서 부활한다. 죽음과 부활의 끝없는 반복이다.


오후 4시 반.

귀네미골 고랭지 채소밭이다.

수십만 평 배추밭에 구름이 걸려있다. 바람을 타고 산안개가 흔들린다.

"아빠, 정말 멋있다."

"사진에 담아라."

들국화가 군데군데 무리지어 피어있다.

민들레가 바람에 흔들린다.

아들이 민들레를 꺾는다.

후우우~~~ 후우우~~~

하얀 풀씨가 산산이 부서져 바람을 타고 날아간다.


오후 5시.

대간 길 접근로가 보이지 않는다.

지도와 나침반으로 독도를 했다. 정반대 방향이다.

"지수야, 길 잘못 들었다."

"에이 참! 어쩐지 좀 이상하더라 했어."

"저기 배추밭에 사람이 있네. 저 아저씨한테 물어봐."

"아저씨, 큰재로 갈려면 어디로 가요?"

"빠꾸해서 한참 내려가면 비포장 길이 나와요. 글로 곧장 가면 백두대간 길이요."

아들이 인상을 쓴다.

"어휴! 내가 아까 이 길이 아니냐고 물어봤잖아!"

"그러니 말이다. 그때 너 말을 들었어야 했는데. 내가 참 미련하다. 틀린 길을 계속 맞다고 우겨댔으니……. 오며 가며 한 시간 알바 했다."

"괜찮아! 어쩔 수 없지 뭐. 지금부터 부지런히 걸으면 돼."

비포장 길로 들어선다.

배추밭이 눈에 띈다. 배추 한 포기를 배낭에 넣었다.

"아빠, 배추 서리했네."

"배추는 일교차가 심한 고지대에서 자란 것이 맛이 있어."

"아빠, 어둡기 전에 빨리 가자."

"부지런히 걸으면 댓재까지 2시간이다."

침묵 속보가 시작된다.

빠른 걸음에 긴장이 묻어난다.

무서운 속보. 15분 만에 1km다.

배낭이 덜거덕 거린다.

수풀이 우거져 얼굴을 할퀸다.

거미줄이 얼굴에 착착 달라붙는다.

오후 5시 45분.

큰재다.

해 떨어지면 산 속은 금방 어둠이 찾아든다.

오후 6시.
산은 암흑이다.
랜턴을 켰다.
어둠은 깊고, 안개는 두껍다.
빛과 어둠의 한판 승부다.
빛이 어둠을 향해 나아간다. 빛의 안간힘이 느껴진다.

오후 6시 40분.
눈앞에 시커먼 그림자가 어른거린다.
"아빠, 저거 뭐야?"
후다닥!
빛이 번쩍한다.
큰 짐승이다. 번개 같이 달아난다.
가슴이 두근두근 심장이 쿵덕쿵덕…….
"휴우~ 깜짝 놀랐네."

"산 노루 같은데."
"덩치가 엄청 커."
"그전에 덕유산 빼재에서도 고슴도치 봤잖아."
"우리는 산짐승 참 잘 만나네."
산은 교실이고 선생님이다.
땀이 쉴 새 없이 뚝뚝 떨어진다.
이제 속보는 무장공비 수준이다. 어디서 이런 힘이 솟아나는지 신기하다.

저녁 7시.
황장산(1,059m)이다.
찬 기운이 폐부 속으로 파고든다.
"아빠, 우리 이제 다 왔다."
"휴우~ 엄청 빨리 왔다."
"이제 한 20분 만 내려가면 되지?"
"그래."
"와아아! 안심이다."
아들이 카메라를 들고 표지석을 찍는다. 플래시가 번쩍한다.
"야, 카메라 잘 넣어라."
"알았어."

댓재 하산길이다.
"야, 내 뒤에 바짝 붙어라."
다 왔다는 생각에 발걸음이 가볍다. 내리막을 뛰다시피 걷는다.

"야아! 불빛이다."
아들이 환호한다. 사람이 그리운가 보다.
찻소리가 들려온다. 사람소리도 두런두런 들려온다.
아들과 깊은 포옹을 나눴다.
아들의 몸이 활짝 피어난다.

저녁 7시 20분.

드디어 댓재다.

댓재는 삼척시 미로면과 하장면을 잇는 해발 810m 백두대간 고개다.

넓은 공터에 표지탑 불빛이 화려하게 빛난다.

"지수야, 기념사진 찍어야지?"

"그럼, 당연하지. 아빠, 그런데 사진기 못 봤어?"

"아니 못 봤는데, 잘 찾아봐."

"아까 분명히 뒤에다가 넣었는데."

"야 인마, 잘 찾아봐. 산에 놔두고 온 거 아니야?"

"아니야. 분명히 배낭 뒤에 넣었어."

"그러면 내려오면서 떨어졌겠지."

"아빠, 미안해."

아들이 울먹인다.

"아빠, 어떡하지?"

"야, 그러면 너는 여기 있어. 내가 다시 올라갔다 올게."

"아빠, 미안해."

"찾아보면 어디 있겠지."

"찾으면 전화해."

"알았어."


다시 산을 오르기 시작한다.

이마에서 땀이 뚝뚝 떨어진다.

랜턴을 이리저리 비추며 한 발, 한 발 올라간다.

'하느님, 제발 사진기 좀 찾게 해주세요.'

다시 황장산 정상이다. 그러나 사진기는 보이지 않는다. 맥이 탁 풀리고 마음이 천근만근이다.


다시 하산 길이다.

불빛 사이로 안개가 두껍다. 길이 잘 보이지 않는다. 그래도 길옆을 이리저리 비춰본다.

순간, 핸드폰이 울린다.

"아빠, 사진기 찾았어?"

"지금 찾고 있어. 어디 있겠지. 조금 기다려봐라."

그러나 사진기는 어둠에 묻혀 보이지 않는다.


5년 전 백두대간을 시작할 때 아내가 사준 귀한 사진기다.

지리산 천왕봉에서 댓재까지 오는 동안 우리와 함께 하며 아름답고 눈물겨운 장면들을 포착해서 가슴을 찡하게 했던 손때 묻은 사진기다.


다시 댓재다.

"아빠, 찾았어?"

"아니! 아무리 찾아봐도 없어."

"아빠, 정말 미안해."

아들이 울먹인다. 목소리가 젖어있다.

"야, 괜찮다. 사람도 죽고 사는데 뭐. 아쉽지만 할 수 없다. 이번 산행은 사진 없는 산행이다."

"그래도 마음속에 담겨 있잖아. 나는 죽을 때까지 잊지 않을 거야."


아들은 고개를 푹 수그리고 앉아있다.

아들의 머리 위로 댓재 밤하늘의 별빛이 하얗게 부서져 내렸다.


길이 끝나는 곳에 산이 있었다
산이 끝나는 곳에 길이 있었다
다시 길이 끝나는 곳에 산이 있었다
산이 끝나는 곳에 네가 있었다
무릎과 무릎 사이에 얼굴을 묻고 울고 있었다
미안하다
너를 사랑해서 미안하다.

(정호승 시인의 '미안하다' 중에서)

산행기간 : 2008. 11. 22. ~ 11. 23.
산행거리 : 약 26km
산행시간 : 13시간

# 이별

아들이 계속 인상을 쓰고 있다.
"야, 너 왜 그래? 너 밥 먹고 내려갈래?"
아들이 말없이 고개를 끄떡인다.


사랑이 고통일지라도 우리가 고통을 사랑하는 까닭은
고통을 사랑하지 않더라도 감내하는 까닭은
몸이 말라비틀어지고
영혼이 꺼멓게 탈진할수록
꽃피우지 못하는 모과가 꽃보다 지속적인 냄새를 피우기 때문이다

꽃피우지 못하는 모과가
꽃보다 집요한 냄새를 피우기까지
우리의 사랑은 의지이다

태풍이 불어와도 떨어지지 않는 모과
가느다란 가지 끝이라도 끝까지 물고 늘어지는 의지는 사랑이다.

(김중식 시인의 '모과' 중에서)

'아빠, 산 가는 거 미루면 안 돼? 그리고 1박 2일 말고 당일치기는 안 돼?'
'안 된다.'
'아! 진짜 1박 2일은 못가겠어. 산은 진짜 당일치기가 좋아. 1박은 못하겠
어.'
산행 전날 문자 메시지로 아들과의 실랑이가 시작된다.

금요일 저녁.
아들의 방을 드나들며 아내와 딸의 설득이 이어진다.
"야, 너 아빠 성격 잘 알잖아."
"너 수능 끝나면 갔다 온다고 그랬잖아."
"내가 어디 1박 2일 간다고 그랬어?"
"남자 새끼가 이랬다저랬다 하고 그러냐?"
"나 밤에 집 나가버릴 거야!"
"야 짜샤! 그러면 니 마음대로 해라."
누나의 강단 앞에선 꼼짝 못하는 아들이다.
그러거나 말거나 나는 등산장비를 하나하나 챙겼다.
아들이 갈아입을 팬티부터 양말까지 챙겼다. 그러니 자식은 애물단지다.

새벽 5시.

무릎을 꿇고 주모경을 바쳤다.

큰 배낭을 메니 어깨가 묵직하다. 텐트와 침낭, 물 무게가 장난이 아니다.

아내의 배웅을 받으며 집을 나섰다. 코끝이 싸아하다.


영동고속도로에 올라서니 졸음이 쏟아진다.

차를 세우고 잠시 눈을 붙였다. 깜박 20분이다.

횡계를 지나는데 핸드폰이 울린다.

"야, 영식아! 너 지금 어디냐?"

"이제 횡계 지나고 있는데."

"나는 이제 백복령으로 올라가려고 그러는데."

"그러면 태진아, 백복령에서 조금만 기다려라."

"응! 알았어. 천천히 조심해서 와라."

태진이는 고향 '부랄 친구'다. 그에게는 맏아들의 멍에가 씌워져 있다. 그의 팔순 노모는 곱고 고요하다. 친구는 내성적이지만 장난꾸러기다. 그와 함께 있으면 웃음이 끊이지 않는다.


옥계 IC를 빠져나와 백복령에 오르니 바람이 세차다.

친구가 차량 문을 열고 다가온다.

"야 인마, 참 오랜만이다."

"쨔아식, 형님한테 자주 안부 전화도 하고 그래야지."

"요즈음 애들은 어른도 몰라보고 아무나 보고 반말이야. 참 세상이 어떻게 될려고 그러는지."

"하하하하……."

"태진아, 많이 기다렸지."

"야 인마, 친구 좋다는 게 뭔데. 좀 기다릴 수도 있지 뭐."


백복령 정상에 차를 세워두고 친구 차에 올랐다.

"야! 김지수, 너 수능 잘 봤냐?"

"아니, 예!"

"너 어느 대학 갈려고?"

"○○대 경제학과요."

"그래, 열심히 해라."

친구와의 대화가 이어진다.

"태진아, 엄니 잘 계시냐?"

"연세가 많으셔서 자주 아프셔."

"애들은?"

"큰놈은 군대 갔어. 얼마 전에 면회 갔다 왔어."

친구는 아들 면회 가서 찍은 가족사진을 보여준다.

"야! 어머니 많이 수척해지셨다."

"연세 드시니까 키가 점점 작아지셔."

"어머니가 보고 싶다."

"우리 엄니도 널 보면 참 좋아하실 거다."


오전 9시.

댓재 정상이다.

바람이 세차다. 영하 3도다.

백두대간 댓재 표지석 앞이다. 친구와 포즈를 취했다.

어깨동무하고 사진 찍는 게 무려 30년만이다.


"못 들어갑니다."

산불 감시요원 두 명이 지키고 있다.

"아저씨, 저는 아들과 5년 동안 대간 다니고 있습니다. 담배도 안 피우고 밥도 안 해 먹습니다. 한 번만 봐 주세요."

"안 됩니다. 무릉계곡에서 올라가세요. 아니면 저 밑에 시에서 나온 분들한테 얘기해보시던가."

친구 태진이가 나섰다.

"내 친구가 삼척 영림서에 다니는데 어떻게 안 될까요?"

"그러면 영림서장이 끊어준 통행증을 가지고 오세요."

아무리 사정해도 막무가내다.

"야, 할 수 없다. 그냥 가자."

우리는 다시 댓재를 빙 돌아 내려간다.
그러나 우리가 어떤 사람들인가?
"야, 저쪽 언덕으로 올라가라. 내가 망 봐줄 테니까."
눈치와 순발력 하나는 끝내주는 친구는 국군기무사 출신이다.
"태진아, 고맙다."
"그래. 다음에 고향 오면 꼭 들러라. 지수야, 잘 갔다 와라."
"네! 아저씨, 다녀오겠습니다."
"야, 내가 신호하면 총알같이 뛰어라."
"짜식! 총알이라니……. 알았다."
"야! 영식아, 빨리 뛰어……. 야! 지수야, 너도 빨리 뛰어."
후다닥~ 팍팍팍~.
우리는 쏜살같이 도로를 건너서 산비알(산비탈)에 달라붙었다.
"휴우~ 아빠, 나는 들키는 줄 알았어."
"야 인마, 어디 장사 한두 번 해보냐?"
"그래도 걸리면 벌금내야 하잖아."

동해 바다가 파랗다.
아들이 새로 산 사진기를 꺼내든다. 아빠의 고향 바다를 앵글에 담는다.
소나무 숲이 나타난다.

적송 숲이다. 아들이 소나무 허리를 찍는다. 소나무 사진작가 배병휴가 생각난다.

오전 11시.
산죽 숲이다.
바람이 차다.
폐부 속으로 찬바람이 숭숭 들어온다.
콧물이 뚝뚝 떨어진다. 그러나 머리는 맑다.

오전 11시 반.
물 한모금과 사과 한 알로 허기를 달랜다.
두타산이 눈앞이다.
아들은 말이 없다.
오기 싫은 산행을 억지로 따라 왔으니 그럴 만도 하다.

낮 12시 15분.
두타산(1,352.7m)이다.
산과 바다가 물결친다. 하늘도 파랗고 바다도 파랗다.

두타산은 예로부터 영동 남부의 영적인 모산으로 숭상되어 왔다.
　동해시에서 바라볼 때 서쪽 먼 곳에 우뚝 솟아있는 산은 정기를 발해 주민들을 지켜준다는 도참설을 간직하고 있다.
　두타(頭陀)는 불교 용어로서 버린다, 닦는다, 떨어뜨린다, 씻는다는 뜻이다.
　두타 행은 출가 수행자가 세속의 모든 욕심이나 속성을 떨쳐버리고 몸과 마음을 깨끗이 닦고 고행을 참고 견디는 것을 말한다. 두타산성은 높이 1.5m, 길이 2.5km로서 신라 파사왕 23년(102년)에 신라가 실직국을 병합한 뒤 처음 성을 쌓았으며, 조선 태종 14년(1414년)에 삼척부사 김맹손이 축조하였다고 전해진다. 또한 두타산성 일대는 한국전쟁 뒤에 끝까지 남아 저항하던 빨치산의 근거지가 되기도 하였으며, 남부군은 지리산과 소백산을 거쳐 이곳 두타산과 청옥산까지 올라와서 치열한 총격전을 벌였던 아픈 역사를 간직한 곳이기도 하다.

(2008년 11월 8일자, 〈강원도민일보〉 중에서)

바람이 잦아든다. 밥상을 차렸다.

소고기볶음과 고추장, 멸치, 김 등 반찬이 화려하다. 땅바닥에 우의를 펼쳐서 밥상을 차렸다. 밥맛이 꿀맛이다.

아들이 계속 인상을 쓰고 있다.

"야, 너 왜 그래? 너 밥 먹고 내려갈래?"

아들이 말없이 고개를 끄떡인다.

밥알이 거꾸로 솟고 숨이 막힌다.

"너 정말 내려갈래?"

"응!"

가슴이 쿵 내려앉는다.

머리가 어질어질, 숨도 못 쉬겠다.

그러나 다시 호흡을 가다듬고,

"그래, 그러면 내려가라. 나도 약속은 지킨다."

지도를 펼쳤다.

"쉼움산 천은사 쪽으로 내려가면 큰일 난다. 왼쪽 두타산성, 무릉계곡 쪽으로 붙어야 한다. 만약 길을 잘못 들면 랜턴을 켜고 다시 원점으로 되돌아와라. 앞으로 4시간 정도 걸리니까 부지런히 내려가라. 야, 차비 4만 5천원이다."

차비를 아들 손에 쥐어줬다.

"매표소 지나거든 택시 타고 버스터미널까지 가라. 그리고 거기서 강릉 가는 표를 끊어서 집으로 가면 된다.

"아빠, 미안해. 다음번에는 잘 갈게."

"두타 청옥은 이제 아빠하고 함께 올 기회가 없다."

"아빠, 사진기 여기 있어."

"사진기는 필요 없다. 빨리 내려가라."

"아빠, 먼저 내려갈게⋯⋯."

아들이 고개를 푹 수그리고 터덜터덜 내려간다.

아들의 뒷모습을 한참이나 바라본다.

시인 이문재는 "종소리를 더 멀리 내보내기 위하여 종은 더 아파야 한다"고 했다.

가슴이 쿵 내려앉고 눈물이 핑 돈다.

'아들놈 따라서 그냥 내려갈까? 아! 끝까지 데리고 가는건데?'

후회막급이다.

그러나 살다보면 이별 연습도 필요하다.

'내일이면 다시 만날 수 있을 텐데 뭐⋯⋯. 짜식, 저도 내려가면서 별 생각이 다 들 거다. 기왕지사 헤어진 것 자꾸만 생각하면 뭐하랴.'


홀로 청옥산으로 향한다.

아들이 뒤따라오는 듯한 환영이 나타난다. 길은 보이지 않고 아들 생각으로 가득하다.

몹시 섭섭하고 슬프다.


⋯⋯

사랑하는 사람아!

이별을 서러워하지 마라

내 나이의 이별이란 헤어지는 일이 아니라 단지 멀어지는 일일 뿐이다

네가 보낸 마지막 편지를 읽기 위해선 이제 돋보기가 필요한 나이

늙는다는 것은 사랑하는 사람을 멀리 보낸다는 것이다

머얼리서 바라볼 줄을 안다는 것이다.

(오세영 시인의 '원시(遠視)' 중에서)

배낭이 무겁다. 힘도 빠지고 걸음도 무겁다.
아들에게 전화를 건다. 신호가 간다.
아들이 전화를 받는다.
"지수야, 빨리 내려가라. 어두워지면 길을 잃는다."
"응! 알았어. 아빠, 걱정 마."
마음이 섭섭해서 아무 생각도 나지 않는다.

오후 1시 40분.
박달령이다.
아들 따라서 그냥 무릉계곡으로 내려갈까? 그래도 그게 아니지…….
청옥산 1.4km, 무릉계곡 5.6km.
이정표가 유혹의 손길을 보낸다.
청옥산 오르막길, 이마에서 땀이 뚝뚝 떨어진다.
다시 아들이 걱정된다. 부모 마음은 이다지도 애틋한 것인가?
핸드폰을 하지만 통화가 되지 않는다.
아들은 지금쯤 무릉계곡을 지나고 있을 것이다.
음성 메시지로 녹음을 한다.
"야, 길 제대로 잡았냐? 아빠한테 메일 좀 넣어라."

오후 2시 반.
청옥산(1,403.7m)이다.
두타 청옥은 쌍둥이 자매 같은 산이다.
고향 바다와 마을 풍경이 한눈에 들어온다.

어린 시절 부모님이 생각난다. 아버지는 배를 타고 어머니는 오징어를 말렸다.
나는 공부 외에는 다른 생각을 할 수가 없었다. 얼굴이 하얗고 말수가 적
은 모범생 스타일! 체력은 약했지만 마라톤과 축구를 좋아했던 꼬맹이!
그때 엄니한테 나는 하느님이고 희망이었다.

연칠성령 가는 길.

눈이 하얗다.
찬바람이 가슴 속을 파고든다.
아들은 잘 가고 있는지 마음이 허허롭다.

오후 3시.
연칠성령이다.
안내 표지판이 서 있다.

예로부터 삼척시 하장면과 동해시 삼화동을 오가는 곳으로서 산세가 험준하여 난출령(難
出嶺)이라고 불렸다.
이 난출령 정상을 망경대라 하는데, 인조 원년 명재상 택당 이식이 중봉산 단교암에 은퇴하
였을 때 이곳에 올라 서울을 사모하여 망경한 곳이라 전해진다.

손이 시럽다.
펜이 굳어서 글씨가 안 써진다.
다시 고적대로 향한다.
아들과 통화가 겨우 된다.
"지수야, 방향 제대로 잡았냐?"
"나 지금 택시 탔어."
"그래 다행이다. 잘 올라가라."
통화가 끊어진다.

그러나 문자 메시지가 온다.

'아빠, 오늘 정말 죄송합니다. 다음번에는 정말 제대로 갈게요.'

눈가에 눈물이 맺힌다. 그러나 마음은 놓인다.

'짜식, 그래도 대간 다닌 솜씨는 있어가지고…….'


고적대 가는 길.

산은 온통 바람소리뿐.

홀로 깊은 침묵에 빠져든다.

입산통제 기간이라 사람 그림자도 없다.

칼바위를 기어오른다. 숨이 턱에 닿는다.

바람이 세차게 분다. 몸이 흔들린다. 아차하면 낭떠러지다. 발을 헛디디면 국물도 없다.


오후 3시 40분.

고적대다.

등 뒤로 청옥 두타의 알몸이 그대로 드러난다.

왼쪽은 정선 임계, 오른쪽은 동해 삼화동이다.

해가 서쪽으로 기울기 시작한다.


세상은 저물어 길을 지운다

나무들 한 겹씩 마음을 비우고

초연히 겨울로 떠나는 모습

독약 같은 사랑도 문을 닫는다

인간사 모두가 고해이거늘

바람은 어디로 가자고 내 등을 떠미는가

상처 깊은 눈물도 은혜로운데

아직도 지울 수 없는 이름들

서쪽 하늘에 걸려

젖은 별빛으로 흔들리는 11월

(소설가 이외수의 '삐갱이에게')

오후 4시.

갈미봉 가는 길.

눈이 곳곳에 쌓여있다.

나무는 알몸으로 찬바람을 맞는다.

길고 좁은 진달래 터널을 지난다.

나무줄기가 배낭을 쉴 새 없이 잡아챈다.

무릎이 콕콕 쑤신다.


오후 4시 45분.

해가 넘어간다.

기온이 뚝 떨어진다. 바람도 거세다.

콧물이 쉴 새 없이 뚝뚝 떨어진다.


오후 5시.

갈미봉(1,260m)이다.

산은 오직 바람소리뿐.

인간의 말과 언어는 공허하다.

대간 마루금엔 나 혼자뿐이다.

산은 어둠에 쌓이고 길은 희미하다.

빛에 익숙한 나는 어둠이 두렵다. 절대 어둠 앞에 인간은 무력하다.


이기령 가는 길.

한줄기 불빛에 의지하여 길을 더듬는다.

바람소리가 거세다.

몸이 비틀하면서 바위에 무릎을 부딪쳤다. 무릎에서 피가 배어나온다. 상처가 쓰리고 아리다.

그래도 나무 지팡이로 속보다.


오후 5시 반.

이기령이다.

거센 바람에 몸이 흔들린다.

텐트를 치는데 시간이 걸린다. 이럴 때 아들이 있었으면 훨씬 수월할 텐데…….

산토끼 한 마리가 다가온다. 내 얼굴을 빤히 쳐다본다.

"야 인마, 너는 누구냐? 나하고 같이 잘래?"

녀석이 고개를 갸우뚱 하더니 어둠 속으로 사라진다.

산에 오면 산짐승도 친구다.


땅바닥에 우의와 비닐, 매트리스를 깐다.

저녁은 사과 한 알과 자유시간 한 개다.

침낭 안으로 몸을 밀어 넣었다. 몸이 물먹은 솜처럼 땅속으로 깊이 빨려든다.

오른쪽 옆구리가 몹시 결린다. 긴장이 풀리니 통증이 심하다.

'갈비뼈에 금이 갔나, 부러졌나?'

쏴아아~ 쏴아아~.

바람소리가 파도소리다.

텐트가 이리저리 흔들린다.


집으로 전화를 했다. 워낙 골짜기니 전화도 불통이다.

하느님께 감사기도를 바쳤다. 감사기도에 눈물이 난다.

따뜻한 아랫목이 그립다. 집과 가족, 따뜻한 불빛이 그립다.

산은 깜깜한 암흑이다. 바람소리를 들으며 깊은 잠에 빠져든다.


갈비뼈가 몹시 아프다. 숨 막힐 정도의 통증이다. 아픈 부위를 땅바닥에 대고 돌아누웠다.

'땅 기운을 받으면 아픔도 좀 덜하겠지?'

통증 부위에서 꾸르륵 꾸르륵 소리가 난다. 이럴 땐 내가 산짐승이다.


꿈속에서 아들이 보인다.

아들이 텐트를 열고 들어온다.

"아빠, 미안해."

"야, 너 언제 왔냐?"

"앞으로는 꼭 같이 갈게."

"그래! 괜찮다 인마."

허벅지에서 식은땀이 난다.

거듭되는 폭음에 몸이 상했다.


새벽 1시 40분.

칵칵칵!

산짐승이 다가온다.

불을 켰다.

"야 인마, 저리가!"

녀석이 후다닥 소리를 내며 사라진다.

이제 바람소리는 천둥소리다.

나무들의 신음 소리가 들린다.

애기 울음소리도 들린다. 구천을 떠도는 중음신 소리다. 소름이 끼친다. 두 손으로 귀를 막아보지만 소리는 점점 크게 들린다. 성호를 긋고 주모경을 바쳤다.

산에서 죽은 자들의 소리를 들을 수 있는 예민한 육감과 영성이 무섭다.

그래도 하늘이 준 능력이니 어쩌랴?

바람소리가 무섭다.


살아있는 것은 흔들리면서 튼튼한 줄기를 얻고

잎은 흔들려서 스스로 살아있는 몸인 것을 증명한다

바람은 오늘도 분다

수많은 잎은 제각기 몸을 엮은 하루를 가누고

들판의 슬픔 하나, 들판의 고독 하나, 들판의 고통 하나도

다른 곳에서 바람에 쏠리며 자기를 헤집고 있다

피하지 마라

빈들에 가서 깨닫는 그것

우리가 늘 흔들리고 있음을

(오규원 시인의 '살아있는 것은 흔들리면서')

새벽 3시.
기상이다.
바닥에 물기가 흥건하다.
사과 한 알을 먹고 짐을 챙겼다.
텐트 밖을 나서니 으스스 한기가 든다.
소피를 보면서 하늘을 쳐다본다. 별빛이 초롱초롱하다.
작은 눈 속으로 우주가 들어온다.
별빛 속으로 내 몸이 빨려든다.

새벽 4시.
다시 출발이다.
상월산 가는 길.
갑자기 랜턴 불빛이 희미해진다. 건전지를 갈아 넣는데 부품이 부러진다.
어쩔 수 없이 손전등으로 어둠을 헤집는다.
바람 소리가 잦아든다.

새벽 4시 반.
상월산(980m)이다.
상월산(上月山)에서 초승달을 본다.
땀과 콧물이 뚝뚝 떨어진다. 몸은 하나인데 샘은 두 개다. 인체의 신비다.

새벽 5시.
긴 오르막이 계속된다.
몇 번이나 길을 잃고 헤맨다.
어둠은 빛에게 길을 내어주지 않는다. 끝까지 버텨보지만 시간 앞에서는 어쩔 수 없다.

　장자가 말했다던가
　복수하지 말라

강가에 앉아서 한 십년쯤 기다리고 있으면
원수의 시체가 떠내려 오리라
어떤 경우는 1년도 안 되어 모조리 떠내려 오고
어떤 때는 몇 십 년을 하염없이 기다려도
개미새끼 한 마리 보이지 않는다.

(김용민 시인의 '장자님 말씀' 중에서)


새벽 5시 반.
원방재다.
이기령에서 원방재까지 임도를 따라오면 20분 걸린다.
지름길로 와도 누가 뭐라 그럴 사람도 없다. 그러나 산행보다 중요한 것은
스스로를 속이지 않는 것이다. 백두대간에 지름길은 없다.
물 한모금과 사과 한 알로 원기를 보충한다.
밤하늘에 별이 총총하다. 별은 밝되 눈부시지 않다.
빛은 빛이로되 눈부시지 않는 빛! 하늘의 신비이자 우주의 신비다.


새벽 6시 20분.
날이 희뿌옇게 밝아온다.
수평선이 온통 벌겋다. 해뜨기 직전이다.
콧물이 뚝뚝 떨어진다. 기운도 점점 떨어진다. 현기증이 난다.
낙엽 더미 위에 풀썩 쓰러진다. 눈을 감으니 사방이 하얗다.
몸이 땅속 깊이 빨려든다. 죽는 순간도 이럴 것 같다.
깜박 잠이 들었다.
얼굴에 낙엽이 툭 떨어진다.
깜짝 놀라 눈을 뜨니 이빨이 덜덜 떨린다.
누워서 하늘을 보니 맑고 명징하다. 파란 하늘에 나뭇가지가 걸려있다.


아침 7시 10분.
동해 수평선 위로 태양이 떠오른다. 장관이다. 눈부시게 황홀하다.
산죽과 소나무가 벌겋다.

해 뜨는 아침에는 나도 맑은 사람이 되어 그대에게 가고 싶다
그대 보고 싶은 마음 때문에 밤새 퍼부어대던 눈발이 그치고
오늘은 하늘도 맨 처음인 듯 열리는 날
나도 금방 헹구어낸 햇살이 되어 그대에게 가고 싶다
……

(안도현 시인의 '그대에게 가고 싶다' 중에서)

핸드폰을 켜자 메시지가 와있다.
'아빠, 조심해서 잘 다녀오세요.'
"짜식, 그렇게 마음 아파하는 걸. 그럴 바에야 좀 같이 가지……"
눈물이 난다. 왜 이리 눈물이 나는 걸까?
돌아가신 부모님이 생각 난다.

아침 7시 35분.
허기가 지면서 다리가 휘청한다.
또 다시 사과 한 알과 물 한 모금이다.
기운이 살아난다. 물과 사과가 하느님이다.
인간에게 먹는다는 것은 무엇인가?

길고 긴 잡목 숲이 이어진다.
허벅지에서 쥐가 난다. 배낭 무게 때문이다.
이럴 땐 버려야 한다. 아깝지만 남은 물을 모두 버린다.
생의 고비마다 생존을 위해서 버려야 할 때가 있다.
나이가 들수록 버려야 한다. 쓸데없는 자존심, 폼, 체면치레, 다변, 잘난 척
등등.

아침 8시 20분.
또 다시 허벅지에서 쥐가 난다.
두 무릎도 콕콕 쑤신다.

'하느님, 제발 30분만 버티게 해주세요.'
두 손 지팡이에 체중이 실린다.
갈비뼈가 결린다. 통증은 깊고 간헐적이다.
숨을 깊이 들이마시자 뚜두둑 소리가 난다.

아침 8시 40분.
백복령 도로가 보인다.
건너편 자병산 절개지도 보인다.
석회석 광산 먼지가 하얗게 날린다.
그러나 하늘은 맑고 공기는 푸르다.
긴 의자에 대자로 드러누웠다. 콧물이 뚝뚝 떨어진다.

오전 9시.
백복령이다. 백복령은 정선과 동해의 끝자락이다.
정선 산골사람과 동해 바닷가 사람이 만나는 곳이다.
동해를 향해 갈 때는 백복령이고, 정선을 향해 갈 때는 너그니재다.
정선 임계 사람들한테 너그니재는 이별고개다.

메주와 첼리스트로 유명했던 감자골이 가깝다.
송광사 학승 출신 돈연 스님과 서울대 음대 출신 첼리스트 도완녀 씨가 아이 낳고 살며 된장 만들어 팔았던 마을이다.

'산불조심 입산통제' 현수막이 펄럭인다.
산불감시 빨간 모자는 보이지 않는다.
나의 애마 세피아 레오가 서 있다.
트렁크에 배낭을 쿵 내려놓는다. 배낭과 더불어 지친 육신도 쿵 내려놓는다.
옥계 IC를 빠져 나오자 졸음이 폭포처럼 쏟아진다.
바닷가 휴게소에 차를 세우고 죽음처럼 깊은 잠에 빠져들었다.

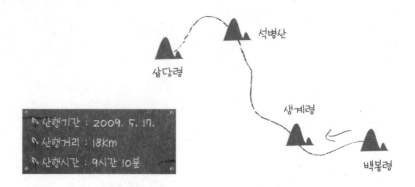

산행기간 : 2009. 5. 17.
산행거리 : 18km
산행시간 : 9시간 10분

# 약속

어제도 하루 종일 비가 내렸다. 이불 속에서 아내가 묻는다.
"오늘 갈 거지?"
"그럼! 갔다가 되돌아오더라도 가야지."
나는 편함과 안일함이 존재하는 이불 속이 좋다. 그러나 약속은 약속이다.


사랑하는 사람아
풋풋한 바람 일어나는 이 봄날
싱그러움으로 가지 뻗은 수목 밑을 와 보아라
바닥 환히 내비치는 물속 같은
하늘 한 자락 가만가만 어루만지며
미끄러지듯 유영하는 잎잎의 물고기 떼
이보다 더한 세상의 순화된 질서를 보겠는가
아직 봄새는 길을 잃고 찾아들지 않지만
별의 음성이 물무늬 지는 산호 숲 같은 수목 밑

겸허하게 옷을 벗고 우주 속에 귀를 놓고
한 겹 한 겹 먼지 긴 눈 씻어내며
잠시 내 영육을 담구었다 가렴.

(박영식 시인의 '사랑하는 사람아' Ⅳ 중에서)

새벽녘 빗살이 창문을 때린다.
어제도 하루 종일 비가 내렸다.
이불 속에서 아내가 묻는다.
"오늘 갈 거지?"
"그럼! 갔다가 되돌아오더라도 가야지."
나는 편함과 안일함이 존재하는 이불 속이 좋다.
그러나 약속은 약속이다.
"당신은 조금 더 자고 일어나요."
아내가 먼저 일어나 소고기를 볶는다.
두 남자는 아내의 희망이자 존재 이유다.

아내는 김이 모락모락 나는 하얀 밥을 양은 도시락에 담는다.
도시락과 반찬통을 손수건에 싸서 꽁꽁 묶은 다음 아들에게 건넨다.
"엄마, 요즘도 이런 도시락이 있나?"
"이 도시락 아마 20년 정도 됐지."
"와아아! 대단하다."
"아들, 잘 갔다 와."
"엄마, 걱정 마. 어디 한두 번 가나 뭐."
"너 이번에 제일 조용하게 따라가는구나?"

"에이, 이제 대학생인데."

아들이 십자고상 앞에 무릎을 꿇는다.
출정 신고는 언제나 주모경이다.
문밖을 나서자 빗살이 얼굴을 때린다.
차창에 굵은 빗살이 쉴 새 없이 부딪혀 흐른다.
대관령 옛길을 넘는다. 아흔아홉 구비다.
강릉 시내가 한눈이다.
산구비를 돌 때마다 아들의 몸이 흔들린다.
"아빠, 대관령 엄청 험하네."
"옛날 사람들은 짚신 신고 넘었다."

아침 7시 반.
삽당령이다.
산불감시 요원 3명이 입구를 막아선다.
승용차를 세워두고 택시로 옮겨 탔다.
임계택시 정부철 기사다.
"어제 비가 오고 입산통제도 해제됐는데 왜 저러지요?"
"나물 채취 때문에 그럴 거예요."
그는 택시를 그만두고 곧 임계를 떠날 거라고 했다.

아침 8시 반.
백복령이다.
까악, 까악. 까마귀가 우리를 반긴다.
안개비가 내린다. 산안개가 두껍다.
어제 산 우의를 꺼냈다. 배낭 커버도 씌웠다.
비가 그친다.
쪼로롱~ 쪼로롱~.
새소리가 정겹다.

오전 9시.

생계령과 백복령 갈림길이다.

안개 속에 포클레인 3대가 괴물처럼 서 있다. 포클레인은 자병산을 부수는 괴물이다.

물소리가 들린다. 산물이 쏟아진다.

올챙이 떼가 헤엄친다.

"아빠, 이거 뭐야?"

"도롱뇽 알이다."

"와아아! 진짜 신기하다."

"도롱뇽 알은 일급수에서만 자란다."

파헤쳐진 자병산 자락에도 올챙이와 도롱뇽이 살고 있다.

백두대간은 생태계의 보고이자 아들의 자연학습장이다.

한라시멘트와 백두대간 보전회가 만든 숲길을 지난다.

자연은 자연스러운 게 좋은 것이다.

인간은 자연의 일부일 뿐이다.

기막히게 아름다운 숲길이 나타난다.

"아빠, 진짜 숲길 짱이다."

"머리가 맑아지고 눈이 시원해진다."

오전 9시 45분.

꽈당탕!

나무계단에서 아들이 뒤로 넘어진다. 백두대간 신고식이다.

바람이 불어온다.

나무이파리에서 빗방울이 후드득 떨어진다. 빗방울소리가 파도소리다.

오전 10시.
카르스트지형이다.
해가 난다.
나물 뜯는 사람을 만났다. 두 사람의 얼굴에서 흙냄새가 난다.

오전 10시 반.
휴식이다.
핫브레이크는 필수 간식이다.
땀이 식자 춥다.
구름이 걷히고 산이 나타났다 금세 사라진다. 구름은 요술쟁이다.

오전 10시 45분.
구름이 걷힌다.
구름 걷힌 산은 방금 목욕을 마치고 나온 여인네의 알몸이다.
아들이 사진을 담는다.
사진은 마음을 담지 못한다.

언어는 아름다움을 표현하기엔 턱없이 부족하고 불완전한 수단이지만 자신을 반성하는 사
유의 기능이 있습니다……
글 쓰는 사람의 고민은 바로 아름다움을 불완전한 도구인 언어로 표현해야 한다는 점입니다.
(소설가 김훈)

다시 길을 떠난다.

"야, 너 언제 군대 가냐?"

"12월에 신청하면 내년 1월에서 3월 사이에 영장이 나온대. 부대도 같이 신청할 수 있다고 그러던데."

"요즘 군대생활 몇 개월이냐?"

"1년 10개월이야."

"나는 네가 현역으로 가게 된 게 얼마나 다행인지 모르겠다."

"명색이 백두대간 다닌 놈인데 체면이 있지."

"너 군대 가기 전에 백두대간 다 끝내야 한다."

"알았어."


오전 10시 55분.

생계령이다.

산불조심 갤로퍼 차량이 한 대 서 있다.

차는 있으나 사람은 없다. 산불조심 때문에 이제는 차만 봐도 겁이 난다.


오전 11시 15분.

서대굴이다.

표지판이 서 있다.

강릉시 옥계면 산계리에 소재한 강원도 기념물 제36호다.


전형적인 석회동굴이다. 동굴 길이는 500m, 주 통로의 길이는 300m다.

지금까지 서대굴에서 발견된 생물은 모두 19종이며, 이 중에서 갈르와벌레와 꼬리치레 도롱뇽은 학술적 가치가 매우 높다.


나물 뜯는 사람이 마대자루를 들고 지나간다.

"아저씨, 나물 좀 있어요?"

"쪼끔밖에 읍싸아."

강릉 사투리다.

"산불조심 안 끝났어요?"

"5월 15일 날 끝났소."

"아니 생계령에 산불조심 차 있던데요."
"아! 그 차는 내 차요."

오전 11시 반.
배가 고프다.
배낭에서 사과 한 알을 꺼냈다.
사과가 두 사내의 입속으로 들어간다.
사과에는 천지기운이 골고루 스며있다.
땅이 촉촉하다. 땅과 몸은 하나다.
몸속으로 땅기운이 스며든다.
메말랐던 몸에도 생기가 돈다. 피부가 촉촉해진다.

가파른 오르막이다.
길이 가슴에 닿는다. 숨이 턱에 닫는다. 이마에서 땀이 쏟아진다.
아들이 앞서간다. 아들은 숨소리도 내지 않는다. 아들이 쉬지 않고 올라간다.
아무리 힘들어도 걷는 것은 각자의 몫이다.
마음은 하나이지만 몸은 둘이다.
오직 땅만 보고 걷는다. 무아지경이다.

　　나는 말의 효용을 전혀 신뢰하지 않으면서도 말을 보듬어야 하는 모순에 가득 찬 인생을
살고 있다.
　　글은 몸속의 리듬을 언어로 표현해내는 악보다.

(소설가 김훈)

오르막이 끝났다.
922봉이다.
"입에서 단내가 나네. 역시 백두대간은 힘들어. 절대로 공짜는 없어."
백두대간 경력 5년차인 아들의 말이다.
어디 산뿐이랴. 사람 사는 일도 그렇다.
세상에 공짜 없다는 것을 스스로 깨달은 아들이다.

안개구름이 온 산을 뒤덮는다.
햇볕이 나자 구름이 벗어진다.
햇볕과 구름의 한판 승부다.
구름 사이로 멀리 대관령의 하얀 풍차가 나타났다가 사라진다.
다시 안개구름이 몰려온다.

낮 12시 50분.
902봉이다.
해가 나면서 구름기둥이 움직인다.
바람이 분다. 나뭇잎이 우수수 흔들린다.
사방이 터진다. 전망이 터진다.
"야! 여기 좋겠다. 아빠, 우리 밥 먹고 가자."

산중 식탁이 차려진다.
땅바닥에 우의를 깔고 밥과 반찬을 펼쳤다.
소고기볶음과 오징어볶음 그리고 김치. 하얀 쌀밥 위에 계란 프라이 한 개.
"라면 안 끓여도 될까?"
"산불 조심해야지."
"그래! 맞다. 그러자."

배낭에서 국방부 표지가 찍힌 군용 숟가락을 꺼냈다.
"아빠, 이 숟가락 어디서 났어?"

"오래 전에 산에서 주웠어."

주인 잃은 숟가락이 새 주인을 찾았다.

밥숟가락은 한국인의 삶이요, 생의 상징이다.

어떤 숟가락은 평생 한 주인만 모시는가 하면 어떤 숟가락은 주인이 수백 번 바뀐다.

"아빠, 숟가락에도 운명이 있을까?"

"숟가락의 운명…… . 정말 기가 막힌 말이다. 너 철학자 다 됐네."

"아빠가 그랬잖아. 욕하면서 닮는다고."

"짜식, 잘도 갖다 붙이네."


오후 1시 20분.

철쭉꽃이 바람에 툭툭 떨어진다.

산길은 꽃 무덤이다. 꽃은 썩어서 나무의 자양분이 된다.

봄은 다시 오지만 꽃은 같은 꽃이 아니다.


꽃이나 잎은 아무리 아름답게 피어도

오래가지 못하고 결국은 지고 만다

그런데도 그 멸망을 알면서도

연방 피어서는 야단으로 아우성을 지른다

다시 보면 한정이 있기에 더 안쓰럽고 더 가녀린 것인데

그러나 위태롭게, 아프게

이 세상에 끝없이 충만해 있는 놀라움이여

아! 사람도 그 영광이 물거품 같은 것인데도

잠시 허무의 큰 괄호 안에서 빛날 뿐이다.

(고 박재삼 시인의 '허무의 괄호 안에서')


찬바람이 분다.

춥다. 몹시 춥다. 몸에서 닭살이 돋는다.

한기를 면하기 위해서 뛰다시피 걷는다.

아들의 속보다.

오후 2시.

석병산 가는 길이다.

긴 산죽 숲이 나타난다.

해가 났다 들어갔다 하며 변덕을 부린다. 변덕은 구름이 부리는데 욕은 해가 먹는다.

아니다.

해와 구름은 제자리에 있는데 변덕은 사람이 부린다.

길옆에 굴이 났다.

"아빠, 이게 무슨 굴이야?"

"두더지 굴 같은데."

"아! 그 덕유산 빼재에서 우리 두더지 봤잖아."

"그래! 그때 한 여름 밤이었지. 너 그 빼재 기억 나냐?"

"아! 그럼. 나 그때 정말 죽는 줄 알았어."

"너 그때 중 2때였지?"

"그럼."

"너 그때 빼재에서 자고 나서 집에 간다고 그랬잖아. 그때 못 가고 결국은 두타산에서 집에 갔잖아."

"에이, 그 얘기 왜 해……."

오후 2시 20분.

석병산(1,055m)이다.

바람이 세게 분다. 몸이 흔들린다.

표지석을 잡는다.

발밑은 깊은 낭떠러지다.

푸른 능선 파노라마가 펼쳐진다. 멀리 선자령과 동해 바다가 한눈에 들어온다. 일망무제다. 푸른 산 물결이 넘실댄다.

아들이 두 팔을 벌리고 하늘을 쳐다본다.

"와아아! 짱이다 짱. 야아! 최고다."

아들의 눈 속으로 푸른 산 물결이 들어온다.

아들의 눈이 반짝인다. 행복한 눈빛이다. 행복은 푸른색이다.

석병산은 강릉시 옥계면과 정선군 임계면 경계다.
산 정상을 중심으로 바위가 병풍처럼 둘러싸고 있다.
김정호의 '대동여지도'에는 삽운령 동북쪽 줄기상에 있는 '담정산'으로 기록되어 있다.

오후 3시.
헬기장이다
햇볕이 따뜻하다.
물을 먹는다. 물이 쑥쑥 들어간다.
사과를 먹는다. 사과 맛이 꿀맛이다.
"엄마는 사과가 맛이 없다고 해도 산에서는 다 맛있다."
"그래! 시장이 반찬이다."

아들이 다리를 절뚝인다.
"야, 너 왜 그래."
"아아아! 쥐가 나서 그래."
아들이 털썩 주저앉는다.
신발을 벗기고 족삼리 혈을 꾹꾹 눌러준다.
발을 주무르고 물파스를 발라준다. 맨소래담 하얀 물파스는 진통제다.
나는 아들의 고통을 알고 이해한다. 1차 종주 때 홀로 구룡령 갈전곡봉을 넘을 때의 일이다. 30초 간격으로 엄습하는 다리의 통증을 참지 못하고 그 자리에 털썩 주저앉아 펑펑 울었던 기억이 선명하다.

"아빠, 이제 괜찮아. 고마워."

아들이 툭툭 털고 일어난다.

"그래. 잘 갈 수 있겠냐?"

"그럼. 무조건 가야지."

아들이 씩씩하게 앞장선다. 아! 눈물이 난다.

'그래 아들아!

백두대간은 무조건이다.

아빠와 네가 함께 걸어온 길도 무조건 아니었냐?

무조건 정신, 그것을 사람들은 도전정신이라고 한다.

아들아! 미안하다.

그러나 말이다, 아들아!

오늘의 이 고통은 훗날 너에게 약이 되고 큰 힘이 될게다.

그때는 이 세상에 없을지도 모를 오늘의 아빠를 꼭 기억하렴.'


오후 3시 15분.

두리봉이다.

멋진 쉼터다. 식탁과 나무의자가 멋지다.

들마루에 드러누웠다.

구름이 지나가고 푸른 나뭇잎 사이로 하늘이 파랗다.

나 죽으면 내 영혼도 구름처럼 훨훨 날아가려나.


꽃 한 번 바라보고 또 돌아보고

구름 한 번 쳐다보고 또 쳐다보고

봄엔 사람들 우주에 가깝다.

(김지하의 '새봄' 5 중에서)


오후 3시 40분.

산죽 숲과 철쭉 숲이 이어진다.

한길 넘는 숲이다. 숲길에서 풀 냄새가 난다.
아들의 속보가 시작된다.
두 사내의 침묵 속보다.

오후 4시 10분.
또 다시 산죽 숲이다.
아들이 묻는다.
"아빠, 시외버스터미널에서 어떤 사람이 내보고 이리오라고 하더니 관상을
봐주더라. 중년 운이 무척 좋다고 하면서 내보고 공무원 하라고 그러던데.
그리고 코가 높아서 돈이 안 센대. 그러더니 천원만 달라고 하더라."
"돈 주지 그랬냐."
"그럼 줬지. 오래전 일인데 이빨이 빠지는 꿈을 꿨어. 그런데 그 다음날 내
가 아는 사람이 자살하려고 했어. 꿈이 참 신기하더라고."
사주와 관상, 성경과 하느님 등 대화 주제가 다양하다.
백두대간은 아버지와 아들의 토론과 대화의 장이다.

시커먼 구름이 몰려온다.
투둑, 투둑 빗살이 돋는다.
얼굴에 빗살이 툭툭 떨어진다.
나무지팡이도 금세 축축해진다.

멀리서 찻소리가 들린다.
삽당령이 지척이다.

걸으면서 주모경을 바친다.

오후 4시 40분.
삽당령이다.
포옹과 악수를 나눈다.
"지수야, 수고했다."
"아빠도……."

삽당령은 강릉시 왕산면 목계리와 송현리의 분수령이다.
또한 강릉 남대천과 남한강 상류인 골지천으로 향하는 송현천의 발원지다. 옛 사람들이 이 고개를 넘을 때 길이 험하여 지팡이를 짚고 넘은 다음, 지팡이를 길에 꽂아놓고 갔다고 하여 꽂을 삽(揷)자를 써서 삽당령이라 부른다.

평창휴게소다.
라면정식이다.
아이스크림도 먹고 맥반석 오징어도 구웠다.
원주 불가마사우나다.
"아빠, 때 엄청나온다. 나도 엄청 나오지?"
"야 인마, 당근이지……."

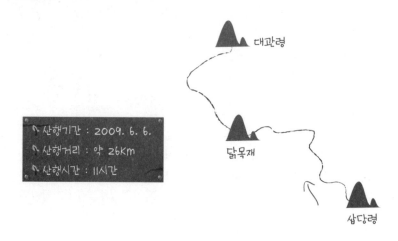

대관령

닭목재

삽당령

산행기간 : 2009. 6. 6.
산행거리 : 약 26Km
산행시간 : 11시간

# 미로(迷路)

안개는 길을 열어주지 않고 버텼다.
나의 의지와 보이지 않는 차의 힘은 보이지 않는 길을 뚫기 위해 협동했다.
안개는 조금씩, 조금씩 마침내 길을 열어주었다.


가파른 비탈만이 순결한 싸움터라고 여겨온 나에게
속리산은 순하디 순한 길을 열어 보였다
산다는 일은 더 높이 오르는 게 아니라
더 깊이 들어가는 것이라는 듯
평평한 길은 가도 가도 제자리 같았다
아직 높이에 대한 선망을 가진 나에게
세속을 벗어나도 세속의 습관은 남아있는 나에게
산은 어깨를 낮추며 이렇게 속삭였다
산을 오르고 있지만 내가 넘는 건 정작 산이 아니라

산속에 갇힌 시간일 거라고
……

(나희덕 시인의 '속리산에서' 중에서)

아침 7시.
대관령이다.
안개가 두껍다. 안개 벽이다. 10m 앞도 보이지 않는다.
모든 차량이 비상깜박이를 켜고 서행하고 있다.
고갯마루에 경적소리가 울려 퍼진다. 어릴 적 안개 낀 고향 항구 뱃고동 소리가 생각난다.

뱃사람이었던 아버지는 천천히 말씀하셨다.
"바다에서는 눈보다 안개가 훨씬 무섭다."
아버지가 바다로 나가신 후 어머니는 말씀하셨다.
"너들 아부지는 바다로 나갈 때마다 늘 사자밥을 싸들고 다닌다. 너는 열심히 공부해서 꼭 육지에서 벌어먹고 살아야 한다."

아버지 배는 한 번 떠나면 보름 만에 돌아왔다.
아버지는 따뜻했지만 멀리 있었고, 어머니는 억척스러웠으나 눈물겨웠다.
나는 바다가 슬펐고 뱃사람들이 가여웠다.
뱃사람들은 바다에서 살다가 바다에서 죽었으며 곧 잊혀졌다. 죽은 자는 물고기 밥이 되었고, 산 자는 물고기를 잡아먹고 살았다.
여인들은 사내들이 잡아온 물고기를 팔아서 아이들을 키웠으며, 바다에서 돌아온 사내들은 만선을 꿈꾸며 낮술에 취해 있었다.

비가 쏟아진다. 세차게 쏟아진다.

안개 속을 헤매다가 겨우 차를 세웠다.

"아빠, 오늘 정말 날 잘못 잡은 거 아니야? 분명히 흐린다고 했는데. 기상청이 구라쳤어."

"야 인마, 기상청이 하느님이냐?"

"아니 그래도 그렇지……."

아들은 지금 집으로 돌아가자는 말을 하고 싶은 것이다.

"오늘 몇 시간이지?"

"11시간."

"뭐라고? 아니 이 빗속에 11시간이라고?"

아들의 톤이 올라가고 표정이 굳어진다.

대관령 표지석 앞이다.

두 남자가 서 있다. 차를 기다리며 말없이 서 있다.

빗살이 얼굴을 때린다. 얼굴에서 빗물이 뚝뚝 떨어진다.

차 한 대가 서서히 다가온다. 손을 흔들자 차가 선다.

"어디까지 가십니까?"

"성산 삼거리까지 갑니다."

"아! 예. 그러면 어서 타세요."

"오늘 대관령 안개가 정말 대단하네요."

"옆에 있는 사람은 어떻게 되십니까?"

"아들입니다."

"이 빗속에 참 대단하십니다."

대관령 삼양목장에서 일하시는 분이다.

그는 젊은 사람들에 대해 불만이 많다.

"요새 젊은 사람들은 똑똑하기는 한데 너무 자기밖에 몰라요."

"선생님도 젊었을 때 어른들이 그런 말씀 하지 않았나요?"

"생각해 보니 그런 것도 같네요."

늙은 자도 한때는 젊은이였고 자기밖에 몰랐을 것이다.


멀고 아득한 것을 불러서 눈앞으로 끌고 오는 목관악기 같은 언어를 나는 소망하였다.

써야 할 것과 쓸 수 있는 것 사이에서 나는 오랫동안 겉돌고 헤매었다.

이제 말로써 호명하거나 소환할 수 있는 것들은 많지 않을 터이고 나의 가용어 사전은 날마다 얇아져간다……

나는 사람들의 먹이와 슬픔, 그들의 착잡함과 비열함, 세상의 더러움과 아름다움에 관하여 쓰려한다……

나는 겨우 쓸 것이다.

(소설가 김훈의 《공무도하가》 서문 중에서)


성산 삼거리다.

차에서 내려 택시를 타고 삽당령으로 향했다.

"택시요금이 좀 올라서 다행이지요?"

"아이고! 말도 마세요. 택시요금 올린 지 얼마나 됐다고 금방 사납금이 8천원 올랐어요. 택시회사 사장들, 얼마나 지독한지 모르실 거예요."

"아니, 기름 값도 오르고, 그분들도 무슨 사정이 있겠지요."

"나도 어느 정도 이해는 하지만 그래도 진짜 너무해요."


택시회사 사장과 운전기사.

운전기사도 한때는 사장이었고, 사장도 한때는 운전기사였다.

앞으로도 인간은 계속 태어나고 죽을 것이고, 살아있는 인간은 항상 싸우고 갈등할 것이다.

갈등의 처방전은 역지사지(易之思之)다.

아침 8시.
삼당령이다.
동행자를 만났다. 얼굴이 맑고 곱다.
"어디까지 가십니까?"
"대관령까지 갑니다."
"산악회 따라 다녔는데 빼먹은 구간입니다."
"그러면 땜방구간이네요."
"아들과 함께 다니시니 참 보기 좋네요."

산은 초록일색이다.
산은 피톤치드 덩어리다.

삼림욕이 몸에 좋은 것은 나무가 뿜어내는 피톤치드라는 신비의 물질 때문이다. 피톤치드는 나무가 주위의 해충이나 미생물 그리고 다른 식물의 공격에 스스로를 보호하기 위하여 공기 중에 또는 땅속에서 발산하는 방향성 물질이다.
피톤치드는 인체에 자연스럽게 스며들어 우리 몸을 해치는 나쁜 균들을 말끔히 없애줄 뿐만 아니라 마음을 안정시키는 효능이 있다.
피톤치드의 살균효과와 녹색이 주는 해방효과가 삼림욕을 통해 시너지 효과를 내는 셈이다. 하루 중 피톤치드 발산량이 가장 많을 때는 해 뜰 무렵인 새벽 6시와 오전 10시~12시 사이다.
오전에 숲속을 거닐면 다른 때보다 훨씬 상쾌한 기분이 드는 것도 이 때문이다.
산 밑이나 정상에선 바람이 많이 불기 때문에 산 중턱에 피톤치드가 많다. 특히 침엽수림에서 많이 나오며, 여름에 발산되는 피톤치드 양은 겨울철에 비해 5~10배에 달한다.

(박범진 지음, 《내 몸이 좋아하는 삼림욕》 중에서)

산은 새소리로 가득하다.
뻐꾸기소리, 산비둘기소리가 유난하다.

오전 9시.

대용수동과 닭목재 갈림길이다.
수백 년 된 소나무가 서 있다. 두 그루다. 부부 소나무다.
아들이 사진기를 꺼내든다.
새로 산 사진기다.
댓재에서 잃어버린 사진기가 생각난다.

아우우~ 아우우~~.
산골짜기에서 짐승소리가 들려온다.
"아빠, 이게 무슨 소리야?"
"글세, 산돼지소리 같은데."
"아니, 무슨 개 짖는 소리 같은데. 혹시 늑대 아니야?"
"우리나라에는 늑대가 없다는데."
산에 들면 소리에 민감해진다.

안개비가 내린다.
전망은 없지만 걷기엔 최적이다. 길이 곧고 평탄하다.
"아빠, 이거 백두대간 맞아? 거의 산보 수준이네. 괜히 불안한데."
"미리 걱정하지 마라."

오전 10시.
석두봉(982m)이다.
산안개에 가려 시계 제로다.
후드득후드득……. 쏴아아, 쏴아아…….

굵고 세찬 빗살이다.

나뭇잎이 반짝인다. 숲은 초록 생기로 가득하다.

찹쌀떡과 스니커즈 초콜릿으로 허기를 면한다.

"스니커즈보다 아트라스가 낫다."

"그래도 엄마가 널 생각해서 사줬는데……"

"그래도 아트라스가 더 나아."

아트라스는 아들이 좋아하는 '백두대간표' 초콜릿이다.


오전 10시 반.

비가 점점 세차게 쏟아진다. 비오는 소리가 콩 볶는 듯하다.

새소리가 뚝 그쳤다.

숲이 젖는다.

아들의 신발이 질퍽거린다.

"아빠 신발은 괜찮아?"

"응! 아직은 괜찮은데."

아들 신발은 방수가 안 된다. 백두대간 시작할 때 사준 등산화다. 돈 좀 더 주고 방수되는 등산화를 사줬어야 하는데…….

그러나 '아들아! 완전 방수는 없다. 방수는 물과의 싸움에서 버텨내는 시간의 차이다.'


오전 11시.

고사목이다. 말라죽은 나무다.

늙으면 몸에서 물기가 빠져나간다.

"길이 끝이 없네."

잡목 숲이 계속된다.

평탄한 길은 걷기는 쉬워도 금방 지루해진다.

삶도 비슷하다. 변화 없는 일상은 편안하지만 무료하다.


비가 세차게 쏟아진다.

얼굴에서 물이 뚝뚝 떨어진다. 몸이 젖으니 마음도 젖는다.

아들의 발걸음이 무겁다.

'아들아! 버텨야 한다. 죽을힘을 다해 버텨내야만 한다. 백두대간은 버티는 일이다.'

낮 12시.
화란봉 오르막이다.
경사가 깊고 길다.
비 맞은 돌이 미끄럽다.

낮 12시 50분.
닭목재다.
닭목재는 강릉시 왕산면과 정선군 임계면을 잇는 백두대간 고개다. 닭의 목처럼 길게 생겼다고 해서 계항치(鷄項峙)라고도 한다.

비가 쏟아진다.
농산물 집하장 앞이다.
땅바닥에 우의를 깔고 밥상을 차렸다.
밥상에 빗살이 떨어진다. 먹는다는 것은 눈물 나는 일이다.
소고기 한 점을 입에 넣었다. 비릿하다. 소의 근육이 느껴진다. 소는 죽어라고 일했지만 묵묵히 죽었다.

아들은 밥을 먹으면서 묵묵부답이다. 여기서 산을 내려가고 싶은 게다. 엄마가 차려주는 따뜻한 밥상이 그리운 게다. 흔들리는 인간이 흔들리는 나무보다 약하다.

안다
너의 아픔을 말하지 않아도
나만은 그 아픔을 느낄 수 있기에 말하지 않는다
절망조차 다정할 수 있을 때 그대는 나의 별이 되어라.

(서정윤 시인의 '홀로서기' 중에서)

오후 1시 40분.
다시 출발이다.
비는 그칠 줄 모른다.
아들이 인상을 쓴다. 한숨소리가 크다.
"오늘 진짜 무리야."
"야 인마, 군대 가면 이건 아무것도 아니야."
"군대 얘기는 왜 해?"

맹덕 한우목장을 지난다.
목장은 있는데 소가 없다.
가까이에서 노랫소리가 들려온다.
"일송정~ 푸른 솔은~ 늙어~ 늙어~ 갔어도~."
홀로 걷는 자다.
비를 맞으며 씩씩하게 걸어온다.
"고루포기산으로 갈려면 어디로 가나요?"
"길 따라 쭉 올라가다가 보면 우측으로 침목계단이 나와요. 그리로 계속 올라가시면 됩니다……."

"야! 저 사람 좀 봐라. 똑같은 길을 가면서
도 저렇게 즐기면서 가는 사람도 있다. 뭔가
느끼는 게 없냐?"
아들이 씩 웃는다.

오후 2시 30분.
숲은 안개로 가득하다.
장대비가 세차게 쏟아진다. 빗소리가 파도
소리 같다.
소나무 한 그루가 나타난다. 산불을 이겨낸 낙락장송이다.
수첩 글자 위에 빗방울이 툭 떨어진다. 하얀 지면에 잉크가 파랗게 번진다.

오후 3시 15분.
힘이 든다.
몸이 처진다.
갈증이 난다.
물병을 꺼내든다. 물맛이 최고다. 물이 보약이다.

고루포기산 오르막이다.
돌계단이 힘겹다.
아들이 묵묵히 올라간다. 아들은 이제 비를 받아들였다.
삽당령에서 만난 젊은이를 다시 만났다.
"지금은 힘들지만 이 다음에 보람이 있을 겁니다."
그의 격려가 고맙다.

오후 4시 25분.
산행 8시간째다.
낙엽 길이다. 물먹은 신발이 질척거린다.

고루포기산(1,238m)이다.

봉은 없고 나뭇가지에 표지판만 걸려있다.

고루포기산은 강릉시 왕산면 대기리와 평창군 대관령면 횡계리의 경계다.
다복솔이 많아서 고루포기라고 불린다.

대관령면 전망대다.
전망은 없고 안개만 자욱하다.
길은 있지만 보이지 않는다.
산과 마을이 구름에 싸여있다.
빗살이 얼굴에 톡톡 떨어진다.

나뭇잎 하나가
아무 기척도 없이
어깨에 툭 내려앉았다
내 몸에 우주가 손을 얹었다
너무 가볍다.

(고 이성선 시인의 '노을' 중에서)

오후 5시.
발밑으로 대관령 터널이 지난다.
"아빠, 나 왼쪽 골반이 아파."
"엉치뼈가 틀어져서 그래. 집에 가서 고쳐줄게."

오후 5시 반.
군데군데 흙이 심하게 파헤쳐져 있다. 멧돼지 흔적이다.
짐승소리가 크게 들린다. 머리털이 쭈뼛 선다.
"야, 겁먹지 마라. 멧돼지를 만나면 무조건 나무에 올라가라."

돌탑을 지난다.
돌탑은 선조들의 지혜다. 돌탑에는 민초들의 한과 눈물이 스며있다.

오후 6시.
능경봉(1,123.2m)이다.

능경봉은 대관령 남쪽 제일 높은 봉우리다.
소수음산으로 불리며 산정(山頂)에 영천(靈泉)
이 있어 기우제를 지냈고, 맑은 날에는 울릉도가
보인다고 한다.

젊은 산행자를 또 만났다.
그에게 사과 한 개를 건네줬다.
그가 기념사진을 담아준다.

하산길이다.
평평한 흙길이다.
해가 난다. 오늘 처음 보는 해다.
나무에서 반짝반짝 윤이 난다. 숲은 초록으로 눈부시다. 숲은 거대한 거
울이다.

오후 6시 25분.
대관령 샘터를 지난다.
　"야, 신발 흙 좀 털어라. 그래야 엄마가 신발 씻기 편하잖아."
　"에이, 뭐 괜찮아. 그냥 가면 어때?"
　"괜찮기는 너나 괜찮지. 씻는 사람은 어떻겠냐?"
　"알았어. 아빠."

오후 5시 45분.
대관령이다.
또 다시 안개가 몰려온다.
안개 속에서 아들을 안았다.

우리는 11시간 만에 제자리로 돌아왔다.

우리는 어디로 갔다가 어디서 돌아왔느냐?
자기의 꼬리를 물고 뱅뱅 돌았을 뿐이다
대낮보다 찬란한 태양도 궤도를 이탈하지 못한다
태양보다 냉철한 뭇별들도 궤도를 이탈하지 못하므로
가는 곳만 가고 아는 것만 알 뿐이다
집도 절도 죽도 밥도 다 떨어져
빈 몸으로 돌아왔을 때
나는 보았다
단 한번 궤도를 이탈함으로써
두 번 다시 궤도에 진입하지 못할지라도
캄캄한 하늘에 획을 긋는 별
⋯⋯

(김중식 시인의 '이탈한 자가 문득' 중에서)

"와아아! 11시간. 아빠, 나 오늘 진짜 죽는 줄 알았다."
"짜식, 엄살은⋯⋯."

산에서 만난 젊은이를 차에 태웠다.
안개는 길을 열어주지 않고 버텼다.
나의 의지와 보이지 않는 차의 힘은 보이지 않는 길을 뚫기 위해 협동했다.
안개는 조금씩, 조금씩 마침내 길을 열어주었다.

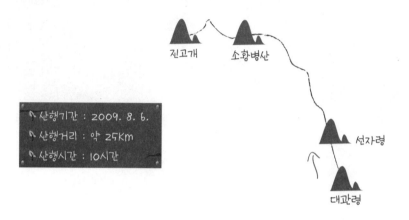

# 28코스 대관령 ~ 선자령 ~ 소황병산 ~ 진고개

진고개    소황병산

선자령

대관령

🔺 산행기간 : 2009. 8. 6.
🔺 산행거리 : 약 25Km
🔺 산행시간 : 10시간

## 포옹

산행의 마무리는 언제나 악수와 포옹이다.
"지수야, 정말 수고 많았다."
"아빠도······. 그런데 아빠, 몸이 좀 마른 것 같아."

사람이 사람을 만나서 서로 좋아하면
두 사람 사이에 물길이 튼다
한쪽이 슬퍼하면 친구도 가슴 메이고
기뻐서 출렁거리면 그 물살은 밝게 빛나서
친구의 웃음소리가 강물 끝에서도 들린다
······
긴 말 전하지 않아도 미리 물살로 알아듣고
몇 해쯤 만나지 못해도 밤잠이 어렵지 않은 강
아무려면 큰 강이 의미 없이 흐르고 있으랴

세상에서 사람을 만나 오래 좋아하는 것이
죽고 사는 일처럼 쉽고 가벼울 수 있으랴
......

(마종기 시인의 '우화의 강(江)' 중에서)

산과 바다가 만나고 영동과 영서가 서로 만나 부둥켜안는 곳, 대관령이다. 5백 년 전 신사임당이 넘었던 길이다. 강릉이 친정이었던 그는 이 고개를 넘으면서 시를 남겼는데 그 시는 사임당이 세상을 떠난 후 아들 율곡이 지은 사임당 행장에 남아 전한다.

蹦大關嶺望親庭(유대관령망친정)
慈親鶴髮在臨瀛(자친학발재임영)
身向長安獨去情(신향장안독거정)
回首北村時一望(회수북촌시일망)
白雲飛下暮山靑(백운비하모산청)

대관령을 넘으며 친정을 바라보다
늙으신 어머니를 고향에 두고
외로이 한양 길로 가는 이 마음
돌아보니 북촌은 아득히 먼데
흰 구름 나는 아래 푸른 산은 저무네.

(2008년 10월 4일자, 〈강원일보〉, 최승순 강원대 명예교수의 '강원 문화 회고' 중에서)

진고개에서 대관령까지 늙은 기사는 끊임없이 말을 쏟아낸다.
말도 넘치면 소음이다.

아침 7시.
국사 성황당 길로 들어섰다.
"아빠, 내일 비 온다는데……."
"미리 걱정하지 마라. 걱정한다고 나아질 게 뭐가 있냐?"
"아빠는 비가 와도 계속 갈려고 하니까 그렇지."
"야 인마, 너도 이제 백두대간 고참 병장 아니냐? 고참 병장쯤 되면 이제
는 도가 틀만도 한데 짜식이……."
"알았어, 알았어. 그냥 갈게."
"진작 그렇게 나올 일이지……."
처음부터 신경전이다.
삶은 호박에 이빨도 안 들어가는 소리다.
아들은 내가 워낙 세게 나오니 꼬리를 팍 내린다.

노란 들꽃이 피었다.
피는 꽃은 예쁘지만 지는 꽃은 밉다.
예쁘고 미운 것은 마음이다. 마음이라는 게 진짜 있기는 있는 걸까?
숲길이다.
흙을 밟으니 머리가 맑아진다. 산 공기가 맑고 달다.

아내한테 전화가 걸려온다.

"오늘 저녁에 태풍이 온다는데……. 지수한테 얘기하지 말고 그냥 내려와
요."

아내는 베이스캠프 지휘관이다. 두 남자의 마음을 꿰뚫어 보고 있다.

선자령 가는 길에 개미들이 줄을 섰다.
개미들이 구멍으로 줄지어 드나든다.
검정개미 가운데 노랑 개미도 눈에 띈다.
돌로 개미구멍을 막으니 난리가 났다.
돌을 치우자 개미들이 흩어진다.
개미들의 삶은 가열차다.

아침 8시 반.
선자령(1,157m)이다.
안개 속에서 바람 가르는 소리가 들린다.
쉬이익……. 쉬이익…….
공중에서 바람개비가 돌아간다.
길이 보이지 않는다.
지도를 펼쳐놓고 나침반으로 독도를 했다.

전 울산지방경찰청장 조용현은 "독도법 교관은 지도를 펴 놓으면 그 속에
물소리, 새소리가 들리고 산과 들의 풍경이 보여야 한다"고 했다.

"지수야, 네가 한 번 해봐라."

"나는 보이스카우트할 때 배우고 잊어버렸는데……."

"아니, 백두대간 말년 병장이 독도도 못한다고? 진짜 큰일 났네, 큰일 났
어. 길은 안 보이고 병사들이 우왕좌왕하고 있다. 이럴 때 네가 지휘관이라면
어떻게 하겠냐?"

"당연히 내가 방향을 잡아서 앞장서야지."
"야 인마, 확실하게 해. 대충하지 말고."
"백두대간은 장난이 아니야."
"그러면 내가 한 번 가르쳐 줄 테니까 잘보고 따라 해봐."
아들은 몇 번이나 틀리다가 곧 방향을 잡는다.
백두대간 학교는 생생한 현장수업이다.
어렴풋이 아는 것은 아는 게 아니다.
머릿속으로 아는 것과 실제로 하는 것은 다르다. 내 발로 걷고 내 힘으로
직접 해봐야 비로소 산지식이 된다.

아들이 배낭에서 찹쌀떡을 꺼낸다.
아내가 시장 떡집에서 사온 것이다.
아내는 아들이 좋아하는 거라면 무조건 사준다.
아내의 자식 사랑은 가없다.

오전 9시.
산딸기다. 산딸기는 백두대간 영양식이다.
딸기 4알을 따서 아들에게 건넸다.
나비가 꽃 위에 살포시 내려앉는다. 나비 모델의 멋진 포즈다.

오전 10시.
곤신봉(坤申峰)이다.

곤신봉은 강릉시 성산면 보광리와 평창군 도암면 횡계리의 경계다.


   옛날 강릉 부사가 집무하는 동헌에서 곤신 방향 서쪽에 있다고 하여 곤신봉이라고 부르게
되었다. 이곳에서 북동쪽으로 내려오면 대공산성과 명주군 왕릉이 있다.
   대공산성은 백제시조 온조왕 또는 발해의 왕족인 대씨가 쌓았다는 두 가지 전설이 있으며,
보현산성이라고도 한다.
   높이 2m, 길이 4km의 석축산성으로서 북쪽은 험준한 절벽을 이용해 쌓았는데 거의 붕괴되
었고, 남쪽 방면의 성벽과 동서북쪽의 문터가 남아있다. 성안에는 1천 년 전에 쌓았다는 우물
터가 남아있다. 또한 고종 32년(1895년) 을미사변 때 민용호가 이끄는 의병이 이곳을 중심으
로 일본군과 치열한 전투를 벌인 곳이기도 하다.

《디지털 강릉》, '문화대전' 중에서


오전 10시 반.
동해 전망대(1,140m)다.
'茫茫大海 日出壯觀 希望의 展望臺'
표지석이 해처럼 동그랗다.
영화 '태극기 휘날리며'의 촬영장소다.
바다는 안개에 쌓여 보이지 않는다.
한 무리의 관광객이 버스에서 내린다.
관광코스는 삼양목장 입구에서 동해전망대까지다.


오전 11시.
매봉 가는 산판길이다.
출입금지 푯말이 붙어있다.

2008년 3월 1일 ~ 2017년 2월 28일까지 출입금지 기간이다.
허가 없이 출입한 자는 50만 원의 과태료가 부과된다.


단풍나무에 빨간 단풍이 들기 시작한다.
고산지대는 절기가 빠르다.
나비 한 쌍이 짝짓기를 하고 있다.
여름의 끝자락에서 한 생명이 가고 한 생명이 잉태된다.
생로병사 제행무상! 우주와 자연의 섭리다.


오전 11시 20분.
매봉이다.
표지판엔 응봉(鷹峰)이다.
"아빠, 왜 응봉이야?"
"옛날에 이곳이 매가 많았던 것 같은데……."
자연보호구역이라고 또 다시 돌아가라는 안내문이 붙어있다.
매봉 나무 그늘 밑이다.


점심 먹기엔 최고의 장소다.
푸른 초원 위로 있고 선선한 바람이 불어온다.
"야, 너 6년 전에 철묵아저씨랑 같이 왔던 것 기억 나냐?"
"아! 그럼. 기억나지."
"너 그때는 엄청 징징댔는데."

"그때는 언제나 스무 살이 되나 했는데 금방 6년이 지났어."

오전 11시 45분.
대관령 한우 방목현장이다.
소떼들이 풀을 뜯고 있다.
서걱서걱, 스스스…….
눈 오는 밤 눈 밟는 소리 같다.
"와아아! 대단하다. 나 평생에 이런 모습 처음이야. 한 100마리는 되겠지?
소도 무리가 있네, 무리가 있어. 자기네들끼리 무리지어 다니네."
"사람이나 소나 똑 같다."

안개 속에서 소떼를 보며 산판 길을 따라 걷는다.
삼양 목장 아파트다.
사람이 살지 않는 폐건물이다.
월월월~ 월월월~.
개 4마리가 나타난다.
목장 관리인이 살고 있는 집이다.
"아빠, 이 길이 아니잖아."
"어어! 야, 길 잘못 들었다. 아까 매봉에서 소황병산 갈림길로 빠졌어야 했
는데……."

다시 지도를 펴놓고 독도를 했다.
산 능선을 향해서 곧장 치고 올라간다.
목장 철조망을 따라가자 길이 나타난다.
"야, 우리 20분 알바 했다."
"에이, 황금 같은 시간을……."

거미줄에 나비 한 마리가 걸려있다.
살기 위해 쉴 새 없이 날개를 퍼덕인다. 머리에 검정색 줄무늬가 있는 아름
다운 나비다.

거미가 나비를 향해 달려든다. 나비 목숨이 경각에 달려있다. 먹고 먹히는 약육강식의 현장이다.

순간 아들이 나비를 덥석 잡았다. 나비의 몸이 파르르 떨린다.

아들이 나비를 공중으로 힘차게 날렸다.

"나비야, 잘 가거라."

나비가 힘차게 날갯짓을 하며 멀리 멀리 사라진다.

"아빠, 우리가 길을 잘못 들지 않았으면 나비는 죽었을 거야."

"그래그래. 잘했다, 잘했어."

"혹시 나비가 전생에 사람이 아니었을까?"

"자식이 백두대간 다니더니 도사 다 됐네."


낮 12시 반.

푸른 초원에 안개가 깔려있다.

해비가 내린다.

바지가 젖는다.

비옷을 풀 위에 깔고 식탁을 차렸다. 반찬은 김치, 깻잎, 멸치볶음, 젓갈, 오징어볶음이다. 진수성찬이다.

성호를 긋는다. 주일미사도 제대로 안 지키는 아들이지만 기도는 잘 한다.

"야, 너 군대 영장 언제 나오냐?"

"12월쯤 되면 나오겠지."

"너 몇 급 나왔냐?"

"눈은 1급, 몸무게는 2급이야."

"전번에 부산 가니까 할아버지는 꼭 군대 갔다 와야 된다고 그러시는데 할머니와 이모는 모두 다 공익 가라고 그러더라고."

"야 인마, 남자들 세계에서 군대 얘기는 평생 간다. 너 대한민국 3대 패밀리가 뭔지 아냐?"

"패밀리라고? 무슨 조폭 같은데?"

"쨔샤, 조폭은 무슨. 그만큼 결집력이 강하다는 거지? 해병 전우회, 고대 동문회, 호남 향우회다."

"나는 해당되는 게 하나도 없네. 해병대 아저씨들 진짜 대단하더라."

"너도 해병대 가면 되잖아."

"에이, 이제 곧 영장 나오는데 뭐."

풀벌레소리가 초원에 가득하다.
안개가 걷히고 해가 나기 시작한다.
구름이 몰려왔다 몰려간다. 바람은 구름을 몰고 다니는 요술쟁이다.

낮 12시 50분.
당귀 꽃 위에 메뚜기가 앉아있다. 꽃과 메뚜기의 멋진 궁합이다.

오후 1시 20분.
멧돼지가 산길을 갈아 놓았다.
멧돼지는 나무뿌리를 좋아한다.
흙에서 멧돼지 냄새가 난다. 머리끝이 쭈뼛 선다.

오후 1시 35분.
물소리가 들린다.

소금강 학소대 최상류다. 청정계곡 일급 자연수다.
물소리만 들어도 머리가 맑아지고 몸이 가벼워진다.
소리의 힘은 대단하다. 자연의 소리는 지친 영혼을 쉬게 하고 병든 육신을
낫게 한다.

풀숲에서 똥을 눴다.
낙엽을 긁어내고 구덩이를 깊게 팠다.
뱃속이 박하사탕이다. 배변의 카타르시스다.
흙을 넣고 낙엽으로 덮었다.
살아있는 인간에게 먹고 싸는 일만큼 중요한 게 어디 있으랴.
계곡물에 얼굴을 씻었다.
몸이 날아갈 듯 가볍다.

오후 2시 20분.
소황병산(1,328m)이다.
푸른 초원은 안개에 가려 보이지 않는다.
7년 전 초등학생이었던 아들은 이곳에서 2002 월드컵 빨간 수건을 들고
멋진 포즈를 잡았다.
　"야, 너 사진 찍었던 것 기억 나냐?"
　"그럼!"

공원 지킴이 초소 문이 뜯겨져 있다.
빗자루로 초소 안을 청소했다. 뜯겨진 문도 제대로 붙여놓았다.

문을 열어두면 폭설이나 폭우시 대피소로 이용할 수 있을 텐데. 문을 잠그는 사람이나 문을 뜯는 사람이나 똑 같다.

산은 언제나 열려 있는데 사람의 마음은 닫혀있다.

문은 소통의 상징이다. 소통이 안 되면 이렇게 상처를 주고받는다.

너럭바위에 퍼질러 앉는다.

청정수와 찹쌀떡으로 허기를 달랜다.

잠자리와 나비가 쉴 새 없이 날아다닌다.

잠자리는 가을의 전령사다.

가을이 오고 있다.

또다시 출입금지 울타리다.

대관령에서 노인봉에 이르는 길 곳곳이 출입금지다.

오후 3시 10분.

바람이 불어온다.

나뭇잎에 얹혀있던 빗방울이 후드득 떨어진다. 머리와 얼굴에 빗방울이 떨어진다.

고요한 숲길을 1시간 내내 말없이 걷는다.

아들은 산에서 침묵을 배운다. 침묵하면 내면의 소리가 들린다.

오후 3시 반.

노인봉 대피소. 해발 1,297m에 자리 잡은 무인 대피소다. 소금강과 백두대간 길이 여기에서 갈린다.

최종만 선배와의 추억이 되살아난다.

지난 봄 이곳에서 1차 종주대원들과 하룻밤을 지냈다.

그날 밤 선배는 행복했고, 술이 부족했다.

"야, 누가 진고개로 내려가서 술 좀 더 사와라."

선배는 우리를 데리고 노인봉으로 올라갔다.

"야, 이 사람들아! 저 별들 좀 봐라. 저기가 안드로메다자리고, 저기 북두

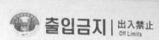

칠성이다."

선배는 별에 취했고, 우리는 선배의 분위기에 취했다.


오후 3시 45분.

노인봉(1,338m) 정상이다.

봉은 있는데 노인은 없다.

"노인봉에 안 왔다 가면 백두대간 무효다."

"에이, 그런 게 어디 있어."

"백두대간 선배가 그렇다면 그런지 아는 거지. 맑은 날이면 소황병산과 대간 능선이 보일 텐데."

다람쥐 한 마리가 바위틈에서 포즈를 취한다. 다람쥐 모델이다.

한 사람이 서 있다.

철학자 타입이다. 얼굴에 근심걱정이 가득하다.

그가 기념사진을 찍어준다.


정상 바위에 둥그런 원과 열십자 그림이 그려져 있다.

"아빠, 진짜 광신도는 못 말려."

"나는 백두대간교 광신돈데."

"에이, 그거하고 그거는 엄연히 다르지."


노인봉을 내려와 진고개로 향했다.

군데군데 나무 계단이 있어서 걷기에 편하다.
"너, 친구 구인이 하고 잘 지내냐?"
"중학교 때부터 지금까지 아주 잘 지내고 있어. 급하고 힘들 때 도와줄 수 있는 친구야."
"친구하고는 동업하지 마라. 잘못하면 돈도 잃고 친구도 잃는다. 만약 네가 여유가 있으면 차라리 그냥 도와줘라. 그리고 돌려받을 생각은 하지 말고 깨끗하게 잊어버려라."

오후 4시 50분.
비가 뿌리기 시작한다.
옷이 젖으니 마음도 젖는다.
"너 백두대간 다니면서 배운 거 있으면 한 가지만 말해 봐라."
"끝까지 물고 늘어지는 끈기, 그리고 세상에 공짜는 없다는 것."
"너 아주 도사 다 됐네."
"아! 또 있다. 두고두고 써 먹을 수 있다는 것."
"야 인마, 써먹기는 어디다 써먹어."
"아! 그냥 있잖아, 뻐기는 친구들한테……."

오후 5시.
가까이에서 찻소리가 들린다.

진고개다.

진고개는 강릉시 연곡면과 평창군 대관령면의 경계다.

"지수야, 기도해야지."

감사기도는 언제나 주모경이다.

나는 주의 기도, 아들은 성모송이다.

산행의 마무리는 언제나 악수와 포옹이다.

"지수야, 정말 수고 많았다."

"아빠도……. 그런데 아빠, 몸이 좀 마른 것 같아."

"그래, 나도 이제 나이가 드는가 보구나. 예전에는 끄떡도 없었는데 요즘엔 자꾸만 아프다."

"너는 어떻냐?"

"나는 괜찮아."

"오늘 태풍이 올라온다는데 그만 철수하자."

"내 그럴 줄 알았어."

"만약 아빠가 한 구간 더 가자고 했으면 나는 집에 갈려고 했어."

"야 인마, 이제 백두대간도 몇 구간 안 남았다. 너는 이제 백두대간 말년 병장이야. 어이, 김 병장! 차타고 빨리 집에 가자."

우리는 돌아오는 길에 목욕탕에 들러서 한 달 묵은 때를 이태리 타월로 빡빡 밀어 주었다.

# "이제부터 너는 자유다.
## 세상으로 나아가라."

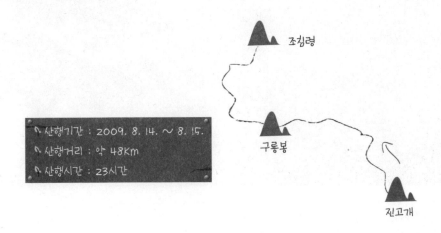

조침령

구룡봉

진고개

✎ 산행기간 : 2009. 8. 14. ~ 8. 15.
✎ 산행거리 : 약 48Km
✎ 산행시간 : 23시간

# 눈물

*산행의 마무리는 언제나 악수와 포옹이다.*
*주모경을 바치는데 눈물이 난다. 고통의 극한을 넘어선 기쁨의 눈물이다.*
*고통이 크면 기쁨도 크다.*

이 가을에는
따뜻한 눈물을 배우게 하소서
내 욕심으로 흘리는 눈물이 아니라
가장 사랑하는 사람들을 위해서
소리 없이 함께 울어줄 수 있는
맑고 따뜻한 눈물을 배우게 하소서
······
이 가을에는
풋풋한 그리움 하나 품게 하소서

우리들 매 순간 살아감이
때로는 지치고 힘들어
누군가의 어깨가 절실히 필요할 때
보이지 않는 따스함으로 다가와
어깨를 감싸 안아 줄 수 있는
풋풋한 그리움 하나 품게 하소서
……

(이해인 수녀의 '가을편지' 중에서)


버스를 탔다.
장평 지나 진부까지다.
진부에서 택시를 탔다.
택시기사가 말했다.
"나는 도로공사에서 정년퇴직했어요. 나도 젊었을 때는 산을 펄펄 날아
다녔는데……."
세월 앞에 장사 없다.

진고개휴게소다.
인적 없는 휴게소는 절간이다.

아들이 얼굴에 선크림을 바른다.

아침 8시 반.
볕이 나기 시작한다.
산에 들었다.
땀이 한 말이다.
침묵이다.
땀과 침묵은 몸과 마음을 정화시킨다.
1박 2일, 43km를 향한 준비운동이다.

오전 9시.
뱀을 만났다. 숨이 멎는다. 눈빛을 마주쳤다.
아들은 놀라지 않는다. 담대한 아들이다.

오전 9시 반.
동대산(1,433m)이다.
오대산 동쪽에 자리 잡은 큰 봉우리다.
잠자리 떼가 선회한다.
나비 한 쌍이 몸을 붙였다. 나비의 교접은 엄숙하고 고요하다.

"쉬잇!"
고요 속에 한 생명이 잉태된다.

오전 10시 10분.
풀숲에서 개구리 한 마리가 폴짝 뛰어 오른다.
"개구리가 어떻게 여기까지 올라왔을까?"
"글쎄 말이다. 거 참 신기하네."

오전 10시 50분.
차돌백이(1,200m)다.
산 중에 하얀 차돌이 있다니? 크고 하얀 차돌이 곳곳에 박혀있다.
"옛날에는 여기가 바다가 아니었을까?"
"산꼭대기가 바다였다고?"
영화 '투모로우'가 생각난다.
지구의 기후 변화를 보면 그럴 수도 있다.

멧돼지가 곳곳에 흙을 파헤쳤다.
멧돼지는 나무뿌리를 좋아한다.
"애들이 아주 메주 밟듯 했네."

오전 11시 45분.
신선목이다.
잡목 길이 이어진다.
산길을 걸으면 복잡한 마음도 단순해진다.
무릎이 아프다.

낮 12시 45분.
두로봉(1421.9m)이다.
초소 유리창에 나비 한 마리가 붙어있다. 쉴 새 없이 날개를 퍼덕인다. 길은 보이지만 나아갈 수 없다. 나비에겐 유리창이 벽이다.

걸어가지 못하는 길을 나는 물이 되어 간다
흐르지 못하는 길을 나는 새벽안개로 간다
넘나들지 못하는 그 길을 나는 초록으로 간다
막아도 막혀도 그래도 나는 간다
혼이 되어 세월이 되어.

(정동묵 시인의 '꼭 가야 하는 길')

목수건을 풀어서 나비를 넣었다. 수건 안에서 나비가 꿈틀한다.
수건을 열고 나비를 날렸다. 나비가 훨훨 날아간다.
"아빠, 하늘에도 나비 길이 있을까?"
"나비 길?"
아들의 상상력이 대단하다.

점심이다.
다람쥐가 나타난다.
파리도 나타난다.
밥을 떼어서 던져준다.
생명 있는 것들은 먹어야 산다.
먹는다는 것은 눈물 나는 일이다.

오후 1시 반.
'두로봉 ~ 구룡령 출입금지' 푯말이 길을 가로 막는다.


오후 2시 50분.
신배령이다.
강릉시 연곡면과 홍천군 내면의 경계지다.
사과 한 개를 반으로 쪼갰다.
꿀맛이다.
산죽 숲을 지난다. 댓잎이 팔뚝을 스친다.
수첩에 땀방울이 톡 떨어진다. 글자가 새파랗게 번진다.


오후 3시 반.
"워어어~ 워어어~."
가까이에서 멧돼지소리가 들린다.
"아빠! 괜찮겠지?"
"야 인마, 장사 한두 번 하냐? 짐승들은 가만히 있으면 절대 해코지 안
해."


오후 3시 40분.

만월봉(1,360m)이다.
홍천군 내면과 양양군 현북면의 경계봉이다.
하늘아래 수평선이 아득하다.
산림청에서 안내판을 세웠다.

약 200년 전 어느 시인이 이 봉을 바라보며 시를 읊었는데 바다에 솟은 달이 온 산에 비침
으로 만월이 가득하다 하여 만월봉이라고 하였다.

오후 4시 20분.
돌길이 끝없이 이어진다.
응복산을 지난다.
"아빠, 이제 얼마나 남았어?"
"앞으로 3시간만 버텨라."
'아들아, 삶은 버티는 일이다.'

오후 5시 10분.
미늘봉(1,026.8m)이다.
'힘내세요!'
격려문이 붙어있다. 짧은 글에 감동한다.
말에도 영혼이 있다.

1261봉 오르막이다.
땀구멍이란 땀구멍은 모두 열리고 뱃속에서 신물까지 올라온다.
머릿속이 하얗다.
아들은 보이지 않는다.
탈진 일보 직전이다.
지금 아들은 무슨 생각을 하고 있을까?
'아들아! 살다보면 이런 순간이 수없이 올 것이다. 그러나 넘어야 한다. 백
두대간 정신으로 넘어서야 한다.'

오후 6시.
쓰르라미소리가 크게 들린다.
아! 가을이다, 가을이 왔다.

오후 6시 반.
약수산 오르막이다.
이제 햇살은 한 뼘 정도 남아있다.
산행 11시간째다.
양 무릎이 시큰거린다. 아프지만 내색할 수 없다.
아들이 따라오는 소리가 들린다.
　"아빠, 저 밑에서 산꼭대기를 쳐다보면 하늘이 바지구멍만큼 보여. 그러면 정상이다 싶어서 죽어라고 올라오는 거야. 그러나 막상 올라와 보면 아니고, 또 다시 올라와 보면 아니야. 정말이지 미칠 것 같더라고."
　"살다보면 그런 일이 수없이 닥칠 텐데, 이것도 다 공부다."
　"닥칠 땐 닥치더라도 나는 지금 같으면 못 참을 것 같아."
　이제는 땀도 나지 않는다.
　"땀을 하도 많이 흘려서 땀구멍이 말라 붙었는가봐."

오후 6시 55분.

약수산(1,306m) 정상이다.
진이 빠진다. 눈이 쑥 들어가고 배가 홀쭉하다.
모든 정상은 땀과 눈물의 결정체다.
돌판에 약수산이 선명하다.

아들이 올라온다.
얼굴이 땀범벅이다.
그 자리에 털썩 주저앉는다.
"와아아! 나 진짜 미치는 줄 알았어."
아들이 물통을 꺼내든다.
콸콸콸콸~ 목울대가 쿨럭쿨럭!
"휴우!"
긴장이 탁 풀린다.

저녁 7시 5분.
해가 서산에 걸려있다.
산 첩첩 구름 첩첩!
뭉게구름 사이로 노을빛이 번진다.
"이런 광경 평생에 몇 번이나 볼 수 있을까?"
"와아아! 정말 대단하다."
시인 이성복 선생은 "관 뚜껑을 미는 힘으로 하늘을 바라본다"라고 했다.

전화를 걸었다.
구룡령 밑 승희민박이다.
"아드님하고 오시는 분이지요?"
"예, 그렇습니다."
"저녁도 드셔야지요?"
"아! 그럼요."
"그러면 시적시적 내려오세요. 구룡령에 도착하면 우리 집 영감이 기다리고 있을 겁니다. 갤로퍼 5005입니다."

저녁 7시 반.
산 중턱에 어둠이 깔리기 시작한다.
구룡령 산림전시관이 눈앞이다.
산행의 마무리는 언제나 악수와 포옹이다.
주모경을 바치는데 눈물이 난다. 고통의 극한을 넘어선 기쁨의 눈물이다.
고통이 크면 기쁨도 크다.

저녁 7시 50분.
구룡령 표지석 앞이다.
산 전체에 어둠이 드리운다.
할아버지가 손을 흔든다.
"어이! 학생, 고생 많았지?"
"그래도 기념사진 한 장은 찍고 가야지."
"할아버지 그냥 여기만 꾹 누르시면 돼요. 아니, 거기 말고요. 예예, 맞아요."

홍천군 내촌면 명개리 승희민박이다.
계곡물소리가 집 안에 가득하다. 물소리만 들어도 마음이 편안하다.
할머니가 다가온다.
할머니가 아들의 등을 쓰다듬는다.
"아들, 오늘 고생 많았지?"
"예, 할머니. 좀 그래요."
"너는 이쁘장하게 생겨서 여자께나 끼겠다."
"에이, 할머니. 저는 안 그래요."
"뭐이. 나는 딱 보면 알아. 그래, 할미가 금방 밥상 차려올게. 우선 샤워부터 하거라."

따뜻한 물이 알몸에 닿는다. 촉감이 매끈매끈하다.
눈을 감는다. 긴장된 근육이 파르르 떨린다.

발에서 쥐가 난다. 긴장이 풀린 탓이다.

할머니가 밥상을 들고 들어온다.
고봉밥과 된장찌개, 산나물로 가득하다.
밥맛이 꿀맛이다.
"아야! 체하겠다. 천천히 물하고 같이 먹어라."
"아들, 밥 먹고 더 먹어라. 응?"
"네에! 할머니."
"아버지 따라 다니느라 수고했네."
할머니의 후덕함에 눈물이 핑 돈다.
"백두대간 다니는 사람들은 전부 내 새끼 같아요. 나는 백두대간 다니는 사람들 덕분에 먹고 살아요."

밥을 먹고 나니 졸음이 밀려든다.
"아빠, 우리 내일 아침에 내려갔다가 다음에 다시오면 안 돼?"
"야 인마, 아빠하고 1박 2일 산행하는 것도 이제 마지막이야. 언제 여기 다시 오겠냐? 나도 이제 힘이 부친다."
"아빠, 솔직히 나도 너무 힘들어. 오늘 약수봉 오르는데 진짜 아무 생각도 안 나더라고."
"야 인마, 언제는 안 힘들었냐?"
"나 내일 아침에 그냥 내려갈래."
"까불지 말고 그냥 자라."
아들은 아무 말도 하지 않고 밖으로 나간다.
아들은 아내한테 전화를 했다. 아빠를 제발 좀 말려달라고 부탁했다.

다음날 새벽 4시 반.
문을 여니 날씨가 선듯하다. 팔뚝에 소름이 돋는다.
초승달과 계곡물소리가 환상 교향곡이다.
자연 속에 묻히니 눈과 귀가 열린다.
할머니가 아침 밥상을 차려온다.

돼지고기를 넣고 보글보글 끓인 김치찌개다.

"아들, 잘 잤니?"

"예! 할머니."

"밥 많이 먹어라. 내가 밥 하나 더 줄 테니까 너 배낭에 담아라."

할머니가 비닐봉지에 주먹밥을 담아준다.

"아버지 무겁게 하지 말고 알았제?"

"예에! 할머니."


할아버지가 차에 시동을 건다.

할머니가 사탕 한 줌을 건네준다.

"아들, 아버지 모시고 끝까지 잘 거래이. 나중에 장개가서 이쁜 각시 만나서 잘 살고. 잉? 혹시 살다가 생각나면 할미한테 꼭 들리고……. 내가 그때까지 살아있을랑가 모르겠다만……."


차에 오르자 할머니가 손을 흔든다.

"할머니, 고맙습니다."

"그래그래. 어여, 어여, 잘 가거래이."

눈물이 난다. 사랑은 이런 것이다. 할머니의 사랑에 가슴이 먹먹하다.


다시 구룡령이다.

"할아버지 기념사진 한 장 찍을게요."

"에이, 다 늙은 놈 찍어서 뭐해요."

"지수야, 할아버지 옆에 서 봐라."

할아버지가 아들 손을 꼭 잡는다.

"조침령 도착해서 조금만 내려가면 굴이 나와요. 거기서 아무 차나 세우면 태워줄 거요."

새벽 6시.

구룡령 나무 계단이다.

할아버지는 우리가 보이지 않을 때까지 손을 흔든다.

"지수야, 할머니 할아버지 잊지 말거라."

"응! 내가 나중에 꼭 들릴 거야."

"그래. 사람은 고마움을 잊으면 안 된다."

아침 산은 맑고 투명하다.

맑은 공기에 피부가 깨어난다.

"야, 너 좀 어떠냐?"

"몸이 좀 그래."

아들은 집에 가지 못해서 시큰둥하다.

청설모 한 마리가 나무에서 쪼르르 내려온다.

구룡령 쉼터다.

홍천군과 양양군을 잇는 해발 1,013m의 고개로 아홉 마리 용의 전설이 전해진다. 지명의 유래는 구룡이 승천하는 것처럼 구불구불하다고 하여 구룡령이라고 이름 하였다.

이곳은 백두대간의 허리로서, 아흔아홉 구비 원형 구비와 산림자원을 비롯하여 심마니, 숯, 철광석 등 산간 민속이 살아 숨 쉬는 곳으로서 영서 산지와 영동 해안을 우마로 연결하던 교역로였다. 현재의 56번 국도는 1874년 개통되었다.

새벽 6시 50분.

1281봉을 지난다.

서걱이는 산죽 숲이다. 대나무는 서릿발 기상이다.

부부 대간 종주자를 만났다.
"대단하다 아들, 힘내라!"
우리나라 엄마들은 아들이라면 껌벅 죽는다.

아침 7시 반.
이마에서 땀이 뚝뚝 떨어진다.
땀 냄새를 맡고 하루살이가 달려든다.
"아! 좀 쉬어가자구."
"조금만 더 가자."
"어제와 다를 게 없네. 아! 계속 올라가네."
아들이 계속 중중대며 따라온다.
어디 이런 일이 한두 번이랴.

아침 7시 50분.
멧돼지로 유명한 갈전곡봉(1,204m)이다.
"이제는 봉이 별로 없고 그냥 쭉 가면 된다."
"내가 어디 한두 번 속나?"
쇠나드리 가는 길이다.
구룡령 밑 왕승골마을 정경이 그림 같다.

아침 8시 반.
나무 쉼터다.
땀이 비 오듯 뚝뚝 떨어진다.
땀과 지쳐가는 육신과의 싸움이다.
고통 뒤 휴식은 달콤하다.
나뭇가지에 리본이 나부낀다.
 '비실이 부부 백두대간'
팔팔 육십, 골골 팔십이다.
비실이 부부의 아름다운 도전이다.

오전 9시 반.

왕승골 삼거리 긴 내리막이다.

"얼마나 올려갈려고 이렇게 내려가나."

"올라갈 때는 올라가는 생각만 하고 내려갈 때는 내려가는 생각만 해라. 걱정한다고 뭐 달라지는 게 있냐?"

왼쪽 무릎이 아프다.

아프지만 내색하지 않는다. 아들은 아빠의 눈물을 모른다.

왕승골 삼거리다.

오른쪽은 양양군 서면 갈천리와 미천골, 왼쪽은 인제군 기린면 조경동이다.

조경동 쪽 100m 지점에 물이 있다. 일급수다. 물 한 통을 담는다. 물이 많으니 마음이 부자다.

땀이 계속 흐른다.

땀은 어디에서 와서 어디로 가는 걸까?

지친다. 나무 그늘에 앉아 샘물을 먹는다.

하늘에는 잠자리, 나무에는 매미다.

"야! 물 맛 죽인다, 죽여."

"진짜 너무 시원하다. 이 물 먹으면 암도 낫겠다."

암도 낫게 하는 백두대간 청정수다.

오전 10시 반.

댓잎이 살갗을 스친다.

또 다시 땀이 비 오듯 뚝뚝 떨어진다.

부자 모두 말이 없다.

생각이 없으니 말도 없다.

이제는 무릎만 아니라 엉치까지 아프다.

백두대간은 십자가의 길이요, 고통의 길이다.

아들은 쉴 새 없이 물을 먹어댄다.

오전 11시 반.

연가리 샘터다.

다섯 사람이 앉아 있다.

"아들하고 정말 대단하시네요."

"우리 집 새끼는 집구석에서 뭘 하는지 꼼짝도 안 해요."

"내가 뭐라 그러면 대답만 예, 예 해요."

"뭐라고 말 좀 붙여 보려고 하면 그냥 도망만 다녀요."

길을 따라 5분 정도 내려가니 물소리가 들린다.

"쏴아아~ 쏴아아~."

"와아아! 물이다 물!"

"아빠, 물이 파아래."

계곡물에 코를 박고 한참이나 물을 먹는다.

한숨이 터진다.

"휴우!"

물배가 빵빵하다.

"야, 우리 발 좀 씻고 가자."

"으어어어, 발이 시례! 어어어. 물이 너무 차."

"아빠 등에 물 좀 끼얹어 봐라……. 으어어! 야 조금씩 해. 어어어……. 아!
그만, 그만, 그만하라고……. 으으."
　몸이 오싹하고 닭살이 돋는다.
　"너도 엎드려 봐라."
　"아빠, 조금만 해."
　"알았어. 걱정하지 마라."
　"어어어, 아아, 그만."

　계곡 옆에 밥상을 차렸다.
　"와아아! 너무 좋다."
　밥맛이 꿀맛이다.
　시장이 반찬이다.
　"나는 이런 데서 텐트치고 한 일주일쯤 있다가 갔으면 좋겠다."
　"조금만 있으면 집 생각이 날 걸."
　"걱정 마라. 나는 자신 있다."

　낮 12시 45분.
　무명봉 오르막이다.
　몸이 무겁다.

"어휴! 이름 없는 산이 더 힘드네. 도대체 산은 알다가도 모르겠어. 아빠, 사람도 그럴까?"

"짜식! 이제 도사 다 됐네."

"아빠가 그랬잖아. 욕하면서 배운다고."

오후 1시 반.

1061봉이다.

"야, 이제는 봉이 없어."

"나는 내리막만 보면 무서워."

인제 진동 쇠나드리 가는 길이다.

골바람이 솔솔하고 점봉산이 멀다.

오후 2시 반.

윗황이와 조침령 갈림길이다.

나무 그늘에서 매미소리를 들으며 찹쌀떡과 샘물로 더위를 식힌다.

바람이 분다.

눈을 감았다.

바람은 어디에서 와서 어디로 가는 걸까?

아들과의 1박 2일 산행도 이제 막바지다.

오후 3시 반.
국도가 보인다.
길옆으로 물이 흐른다.
인제 진동계곡이다.

바람부리 갈림길이다.
길이 보이자 긴장이 풀린다.
발이 천근만근이다.
지열이 훅훅 달아오른다.
아들이 물을 반병이나 먹는다.
이제 마지막 마무리다.
땀 냄새를 맡고 파리가 달려든다. 파리 코가 대단하다.

오후 4시 15분.
드디어 조침령이다.
새들도 자고 가는 조침령이다.
아들이 그 자리에 털썩 주저앉는다.
1박 2일, 23시간 산행이 끝나는 순간이다.
3군단 공병여단에서 세운 표지석이 서 있다.
공사기간 1983년 6월 10일 ~ 1984년 11월 22일이다.

고갯길에 젊은 병사들의 땀방울이 배어있다.

핸드폰을 열자 편지가 와 있다.

먼고 먼 길을 돌아 모르는 사람의 손을 거쳐
내가 없는 낯선 시간에 나보다 먼저 와서
나를 기다리고 있다
그대가 보낸 편지 한 통을 손에 들고
밤새 울었다
때로는 그런 것이다
아무것도 아닌 편지 한 통이
세상의 모든 것이 되기도 한다
그런 것이다
산다는 건 그런 아무것도 아닌 것들 위에서
비로소 빛나기 시작하는 것이다.

(김시천 시인의 '편지' 4 중에서)


인제 사는 김남재 씨다.
전화를 걸었다.
"지금 데리러 갈까요?"
"아닙니다. 우리는 양양으로 내려갈려고요."
"아! 그래요. 얼굴 한 번 봤으면 했는데……."
그의 눈은 사슴처럼 맑고, 그의 마음은 따뜻한 봄바람이다.

부산 사는 장인어른께 전화를 걸었다.
"아버님, 저 지금 지수하고 조침령에 와 있어요."
"뭐라꼬, 조침령이라 캤나?"
"예. 아버님 생각이 나서 전화했습니다."
순간 어른의 기억은 58년 전으로 되돌아간다.
"거기서 내가 6·25때 중공군하고 싸우다가 서림으로 내려갔는데 그 마을 사람들이 옥수수밥을 해줬다 아이가……. 거기서 서쪽으로 가면 인제 상남

나온다. 거게 오매자고개라고 있는데, 거기서 중공군 엄청 많이 죽었다."

장인어른은 올해 팔순이다.

"이보게, 김 서방! 고맙데이. 지수하고 조심해서 내려가거래이……."

기도를 했다.

기도는 감사와 고마움의 표시다.

"할아버지가 1951년 겨울에 바로 이 길로 후퇴했다고 그러잖아. 그땐 눈이 엄청 많이 와서 허리까지 빠졌다고 하니……. 58년 후에 사위와 손자가 이 길을 걷게 될지 어떻게 알았겠냐?"

"아빠, 그것 참 신기하지."

산길을 내려가는 아들의 등 뒤로 가을 햇살이 반짝이고 있었다.

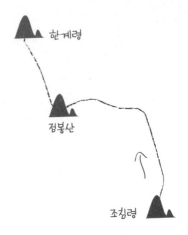

- 산행기간 : 2009. 9. 12.
- 산행거리 : 약 21Km
- 산행시간 : 11시간

# 핏줄

*"아빠, 조금 전에는 진짜 갈 뻔 했어. 그래도 아빠가 있으니까 든든해."*
*"나도 네가 있으니까 든든하다."*
*아! 정말 핏줄이란 게 뭔지? 눈물이 핑 돈다.*


"마태오!"
"예! 베드로형"
"지금 어디냐?"
"홍천 막 지나고 있어요."
"그래, 조금 있다가 만나자."

그래도 역시 베드로형님이다.
의리의 사나이 박형석 베드로! 나는 그를 형님이라고 부른다.
그는 인제 읍내에 산다. 나이는 내일 모래 예순이다.

세상은 온통 짝퉁 천국이지만 그는 명품이다.

하느님이 진짜 사람 하나는 잘 골랐다.

말이 그렇지 어디 돈 나오는 일도 아닌데 토요일 새벽부터 한계령에다 차 세워놓고 우리를 기다리는 사람이 어디 있단 말인가?

산다는 것은
아파트 베란다에 빨래 몇 조각 널어놓고
거기 찾아온 엷은 햇살처럼
조용히 흘러가는 것인가?
여울 되어 흘러가며
조용히 이 세상 풀잎들과 만나는 것인가?
만나고 스치는 것들마다
서로 조금씩 아파해야 하는 것인가?

(이인해 시인의 '삶' 중에서)

새벽 6시 50분.

구불구불 한계령이다.

안개 속에서 베드로형이 손을 흔든다.

"마태오, 어서와."

"아저씨, 안녕하세요."

"그래! 다니엘, 많이 컸구나."

형의 차에 옮겨 타고 조침령으로 향했다.

"마태오, 너가 인제 살 때 참 좋았었는데."

"글쎄 말이에요. 밤새도록 술 마시며 얘기하고……."

"언젠가 술 먹고 성당 마룻바닥에서 잔 적도 있잖아."

"그때는 하느님이 숙박료도 안 받고 공짜로 재워줬지요."

"허허허! 살아가면서 갚아야 할 텐데……. 나는 요즘 애들 때문에 걱정이야. 살아보니 자식은 진짜 내 맘대로 안 되더라고."

"그러니 자식 이기는 부모 없다고 하잖아요."

"다니엘 데리고 다니는 걸 보니 너도 참 대단하다."

"저보다 다니엘이 더 대단하지요. 중 2때 백두대간이 뭔지도 모르고 따라 나섰다가 코가 꿰어서 지금까지 이러고 다니는 거예요. 이제는 본전 생각나서 그만두지도 못하고……. 애비 잘못 만나서 고생이 많지요."

"다니엘, 너도 앞으로 살아봐라. 두고두고 아버지 생각이 날게다."

차는 필례약수를 지나 내린천 상류로 들어섰다.
조롱고개, 방동약수, 바람부리로 이어지는 진동계곡이 한 폭의 그림이다.

아침 8시.
조침령 터널이다.
"베드로형, 고마워요."
"그래. 조심해서 잘 다녀와라."
"한계령에 도착하면 연락드릴게요."
"그래. 마태오, 다니엘! 힘내라."
"아저씨, 고맙습니다."
아들이 깊숙이 허리를 숙인다. 절이 깊고 정중하다.

아침 8시 반.
조침령이다.
6·25전쟁 때 장인어른이 걷던 길이다. 허리까지 빠지는 폭설에 총 들고 걷던 길이다.

바람이 세다.

땅바닥에 도토리가 지천이다.

다람쥐 한 마리가 도토리를 물고 달아난다.

'점봉 31' 표지판이 나타난다.


오전 9시 20분.

양수발전소 상부댐이다.

포토 존(Photo Zone)이다. 동해 바다와 산마을이 한눈에 들어온다.

단풍이 들었다. 첫 단풍이다.

"와아아! 작품이다, 작품이야."


오전 10시 반.

하품이 난다. 수면 부족 탓이다.

바람소리가 요란하다.

동풍과 서풍이 만나는 소리다.

백두대간은 바닷바람과 산바람이 만나는 만남의 장소이다.


오전 11시 15분.

북암령이다.

멀리서 사람소리가 들려온다. 단목령에서 올라오는 사람들이다.

"단목령에서 지켜요, 가지 마세요. 설피마을 쪽으로 내려갔다가 돌아서 올라가세요. 산악인이니까 정보를 주는 거예요. 우리는 초소에서 걸려서 1시간가량 붙잡혀 있다가 결국은 딱지 끊기고 올라오는 길이에요."

'그러나 아들아! 우리는 가야만 한다.'


길은 마음의 길이고 땅 위의 길이다.

몸은 마음의 길과 땅 위의 길을 잇는 또 다른 길이다.

……

길은 거기에 몸을 갈아 바칠 때만이 길이다.

(소설가 김훈)

오전 11시 반.
단목령 2.9km다.
물푸레나무 군락이다.
물을 푸르게 한다고 물푸레. 물푸레는 악기나 도리깨 재료로 쓰인다.

낮 12시.
단목령 입구다.
한계령 건너 설악의 자태가 병풍처럼 펼쳐진다.
대청, 중청, 끝청, 귀떼기청, 대승령, 서북능선, 화채봉…….
설악능선의 멋진 열병식이다.
사람들은 설악을 보러 대청봉에 가지만 설악의 전경은 설악 밖에 있다.

낮 12시 반.
단목령 돌파작전이다.
아들에게 목장갑을 건네줬다.
"야, 모든 것은 수신호다."
아들이 고개를 끄덕인다.
내가 앞장서고 아들이 뒤따른다.
단목령 지킴이 초소가 나타난다.
스스스슥……. 후다닥…….
허리를 낮추고 계곡 쪽으로 내려간다.
아들이 잽싸게 따라 붙는다.
"휴우! 십년감수했네."
"아빠, 걸리면 50만 원이지?"
"진짜 벌금이 무섭긴 무섭다."
서당 개 3년이면 풍월을 읊고, 백두대간 5년이면 무장공비 닮는다.

금강산도 식후경이다.
돌파작전 성공 자축연이다.

진동리 설피밭 쪽 계곡이다.
아내가 싸준 도시락을 펼쳤다.
식사는 짧고 갈 길은 멀다.

가는 골이다.
주능선에서 벗어났다.
아들이 사진기를 꺼낸다.
"아빠, 사진 좀 찍고 가자."
"와아아! 경치 하나는 끝내주네."
"요즘 이런 데 보기 힘든데."
물과 낙엽의 멋진 조화다.

오후 1시.
인제군 기린면 강선리다.
개 짖는 소리가 요란하다.
"어! 무슨 마을이잖아."
"에이! 길을 잘못 들었잖아. 아휴! 어쩐지 좀 이상하더라니까."
"할 수 없지 뭐, 다시 돌아가자. 야 인마, 너도 좀 이상하다 싶으면 말을
해야지. 그냥 아무 생각 없이 따라오기만 하고 그러냐."
"아빠도 나침반 나뒀다 뭐해? 이럴 때 좀 써먹지."
"그 새끼 참. 그래 미안하다, 미안해."

오후 1시 반.

다시 단목령 초소 앞이다.

점봉산은 생태계 보호지역이다.

"자세를 낮추고 내 뒤에 바짝 붙어라. 걸리면 앞만 보고 무조건 뛰는 거다. 걸리는 사람이 오십만 원 내는 거다."

"에이 참! 안 걸려."

"자신 있지?"

"아, 그럼!"

살금살금, 후다닥, 후다닥…….

"야, 너 공수부대나 특공여단 가도 되겠다."


오후 2시.

점봉산 주능선이다.

산꾼들은 백두대간 주능선을 마루금이라 부른다.

하늘이 캄캄해진다.

비가 세차게 쏟아진다.

아들이 한숨을 내쉰다.

"아! 진짜 최악이다."

"야 인마, 장사 한두 번 하냐. 이런 비, 수도 없이 맞아봤는데 뭘 그래. 야, 비옷 입어라."

"안 입어. 그냥 맞고 갈래!"

아들이 꼬장을 부린다.

속이 부글부글 끓는다. 아휴 속 터진다, 속 터져.


우르릉 꽝꽝!! 번쩍번쩍!!

천둥이 치고 번개가 번쩍한다.

빗줄기가 점점 더 굵어진다.

"야! 괜히 꼬장부리지 말고 비옷 입어라. 비 맞으면 너만 손해다."

아들은 도저히 안 되겠는지 못 이기는 척하며 비옷을 입는다.

"새끼! 진작 입을 것이지."

"아빠!"

"왜?"

"이 비 맞고 계속 가야 하는 거야?"

"……."

아들은 아빠의 침묵이 무엇을 말하는지 안다.

'그러나 아들아! 우리는 이 길을 가야만 한다. 길은 가지 않으면 열리지 않는다.'

비는 이제 양동이채로 쏟아 붓는다.

아들의 얼굴에서 빗물이 뚝뚝 떨어진다.

몸도 젖고 마음도 젖는다.

신발이 질척거린다. 발걸음이 무겁다.

우리는 온몸으로 비를 맞으며 말없이 1시간을 걷는다.

……

젖지 않고 피는 꽃이 어디 있으랴

세상 그 어떤 빛나는 꽃들도 다 젖으며 피었나니

바람과 비에 젖으며 꽃잎 따뜻하게 피웠나니

젖지 않고 가는 삶이 어디 있으랴.

(도종환 시인의 '흔들리지 않고 피는 꽃이 어디 있으랴' 중에서)

오후 3시.

너른이골이다.

오색약수와 단목령 갈림길이다.

나무가 뿌리 뽑힌 채 누워있다.

해가 난다.
마음이 밝아진다.
아들의 인상도 펴진다.
아들의 표정이 기상청이다.

오후 3시 반.
점봉산 오르막이다.
"어! 배낭 커버가 없네."
"잘 찾아봐."
"어! 분명히 있었는데."
"야, 너는 왜 그렇게 젊은 놈이 정신이 없냐?"
"마구령에서는 아이젠 잃어먹고, 댓재에서는 사진기 잃어먹고……."
"나는 뭐 잃어먹고 싶어서 잃어먹나."
산 위에서 티격태격이다.
이럴 땐 누가 아버지고 누가 아들인지 모른다.
나뭇잎 사이로 햇살이 눈부시다.
한바탕 소나기에 낙엽이 지천이다.

버려야 할 것이
무엇인지를 아는 순간부터
나무는 가장 아름답게 불탄다
제 삶의 이유였던 것
제 몸의 전부였던 것
아낌없이 버리기로 결심하면서
나무는 생의 절정에 선다.

(도종환 시인의 '단풍 드는 날')

한계령 건너 대청봉이 압권이다.
청사초롱과 보라색 무명초가 빗물을 머금고 활짝 피었다.
꽃은 지금 최고의 순간을 지나고 있다.

꽃은 곧 시들 것이다. 꽃은 아름답지만 슬프다. 아름다움 안에 슬픔이 담겨있다.

오후 4시 15분.
드디어 점봉산(1,424.2m)이다.
"와아아! 대한민국 만세다. 아빠, 진짜 너무 멋있다. 백두대간 짱! 대한민국 짱이다."
아들의 환호소리가 점봉을 울린다.

대청봉 ~ 중청봉 ~ 끝청봉으로 이어지는 설악의 위용이 한눈에 들어온다.
멀리 동해 바다와 어선 모습이 한 폭의 그림이다.
비 그친 뒤 산 풍광이 일품이다.
가을 햇살이 눈부시다.
작은 점봉과 야생화 천국 곰배령이 눈앞이다.
"야, 너 저기 곰배령 풀밭 기억 나냐?"
"아! 그럼, 기억나지."
바람 한 점 없는 점봉산 정상이다.

너무나 아름다운 광경에 넋을 잃는다.
해가 서산에 걸리기 시작한다.
"우리 점봉산에 다시 올 수 있을까?"
"그거야 모르지."

"네가 여기 다시 오면 오늘이 생각날게다."

오후 4시 50분.
망대암산이다.
내리막을 뛰다시피 걷는다.
영광은 짧고 하산은 길다.
한계령까지 9km다.
"에이, 2시간에 못 가."
"야 인마, 가면 갈 수 있어. 곧 어두워지니까 빨리 가야 돼."
"아빠, 뭐 하나 먹고 가자."
"그러자, 금강산도 식후경인데……."
아들은 자유시간, 나는 찹쌀떡이다.

오후 5시 30분.
한길 넘는 산죽 숲이다. 빗물을 머금은 댓잎이 얼굴을 스친다. 얼굴과 몸이
온통 물 범벅이다.
배낭에서 사과를 꺼냈다. 아내가 넣어준 꿀 사과다.
반으로 쪼갰다.
아들의 입으로 사과가 들어간다.
얼굴에서 빗물이 뚝뚝 떨어진다.
아들이 사과를 먹으며 씩 웃는다.
"야, 맛있냐?"
"그럼!"

"짜식! 너도 이제 산꾼 다 됐구나."
생명에게 먹는 것은 눈물 나는 일이다.


1151봉 오르막이다.
숨이 턱에 닿는다.
땅거미가 지기 시작한다.
산이 어둠 속으로 빨려든다.


오후 6시 15분.
암릉이다.
석양이 마지막 숨을 거둔다. 서쪽 하늘에서 붉은 빛을 토해낸다. 참 아름
다운 임종이다.
"지수야, 아빠도 저렇게 아름다운 임종을 맞을 수 있을까?"
"아빠는 기도를 많이 해서 하느님이 잘 해주실 거야."


산 밑으로 한계령이 구불구불 흘러간다.
구절양장 길이다.
어둠 속에서 몇 번이나 길을 잃는다.
"아빠, 이쪽이야. 나침반 좀 보고 가."
아들의 조언을 들으며 핏줄을 느낀다. 지금 이 순간 우리는 하나다.


깎아지른 암벽이 나타난다.
어둠 속에서 밧줄 타기가 시작된다. 다리가 후들거린다.

　"야, 안되겠다. 지팡이를 던져라."
　깜깜한 허공 속으로 지팡이가 날아간다. 죽령에서 점봉까지 함께한 손때
묻은 지팡이다.
　애틋하지만 버려야 한다. 버리는 것도 용기다.
　버리는 자와 버려지는 자, 사람도 그럴 수 있을까?


　"지수야, 속리산 암릉 저리가라다."
　"아빠, 진짜 위험하다."
　"내가 먼저 내려갈게. 야, 불 좀 비춰봐라."
　어둠 속에서 밧줄이 반짝인다.
　주르륵……. 휘청!
　밧줄 잡은 손이 쭉 미끄러진다.
　몸이 휘청한다.
　"앗! 아빠, 조심해."
　가슴이 쿵덕쿵덕, 등줄기에 식은땀이 흐른다.


　다음은 아들 차례다.
　아들이 밧줄을 잡는다. 입 안에 침이 바싹바싹 마른다.
　'하느님, 한 번만 봐주십시오.'
　부모 마음은 이런 것인가.
　"야, 밧줄이 미끄러우니까 조심해."
　"알았어."
　한계령 밤하늘에 부자의 목소리가 울려 퍼진다.


　"야이, 새끼야! 발 사이에 밧줄을 넣으라니까."

"아니, 알았다고."

"아! 그 새끼, 진짜 말 안 듣네. 다시 올라가 새끼야!"

"……."

"에이, 씨팔! 내가 미친 놈이지."

아들이 다시 기어 올라간다.

나도 모르게 욕이 나온다. 생사 순간의 욕은 사랑이다.

"그래그래. 한 발, 한 발."

순간 아들의 몸이 휘청한다.

"야이 새끼야! 정신 차려!"

"……."

"흐으읍!"

숨이 멎는다.

눈을 감는다.

머릿속이 하얘진다.


무사히 내려온 아들이 내손을 꼭 잡는다.

"괜찮냐?"

"응……."

아들의 손에서 따뜻한 체온이 느껴진다.

"그래, 수고했다."

정녕 핏줄이란 이런 것인가?

"아빠, 우리는 무슨 산을 목숨 걸고 다녀?"


산을 오르는 사람들은 목숨을 내 놓는다.

안나푸르나를 오르다가 히말라야 12좌를 오르다가 타계한 이들의 소식을 우리는 수없이 들어왔다. 도전은 이렇게 위험하다. 죽음을 넘어서는 일이다…….

그래서 도전은 실천이다.

도전은 반드시 우리가 그은 그 선까지 도달하지 않아도 좋다. 가고 있다는 것, 결코 멈추는 법이 없다는 것으로 충분하다.

《가톨릭 신문》, '신달자의 주일 오후' 중에서)

"너는 앞으로 절대로 험한 산 다니지 마라. 괜히 산에 목숨 걸 필요 없다. 백두대간은 한 번이면 족하다."

암릉지역을 통과하자 맥이 탁 풀린다.

"야! 이제는 좀 천천히 가자."

"아빠, 조금 전에는 진짜 갈 뻔 했어. 그래도 아빠가 있으니까 든든해."

"나도 네가 있으니까 든든하다."

아! 정말 핏줄이란 게 뭔지? 눈물이 핑 돈다.


저녁 7시 반.

한계령 불빛이 반짝인다.

철조망을 우회하여 국도로 내려선다.

"아빠, 우리 성공했다."

"그래! 정말 수고했다."

뜨겁고 깊은 포옹이다.

아들의 등에서 땀 냄새가 난다.

뜨겁고 축축한 사내의 냄새다.

"지수야, 기도해야지."

"오늘은 진짜 하느님한테 고맙다고 인사해야지."

"그러면 오늘은 네가 먼저 기도해라."

아들이 눈을 감고 합장을 한다.

"하느님! 오늘 산행 무사히 마칠 수 있게 해주셔서 고맙습니다. 그리고 우리 아빠 오늘 무척 힘들었습니다. 기운 좀 내게 꼭 도와주십시오."

아들의 기도 속에 따뜻한 정이 배어있다.

"아빠, 그리고 베드로아저씨한테도 전화해야지?"

"아! 참, 그렇지. 그래 너도 이제 다 컸구나."


한계령 밤하늘에 별이 총총하다.

"우와! 저 별 좀 봐."

"별이 엄청 반짝인다."

"저 별 어디서 봤더라?"

"덕유산 넘을 때 2박 3일, 그 빼재? 아! 또 생각났다. 그 지리산 벽소령에서 봤잖아."

"맞아! 그래, 그때 네가 중 2였지."


오늘 알았다. 나는 비로소
산다는 건 이렇게 제 마음을 꺼내어들고
보고 또 다시 보면서 저무는 일이라는 걸.

(김시천 시인의 '편지' 3 중에서)

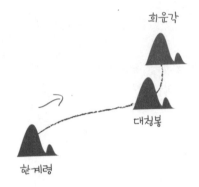

산행기간 : 2010. 11. 3.
산행거리 : 약 8.5km
산행시간 : 6시간 15분

희운각

대청봉

한계령

# 형, 형, 철묵형!

아침 7시 15분. 사람이 나타났다 사라진다.
'누굴까? 우리보다 앞서간 사람이 없었는데.'
바위 앞에 사람이 앉아있다.
"아니?"
철묵형이다.


만 리 길 나서는 길

처자를 내 맡기며 맘 놓고 갈 만한 사람

그 사람을 그대는 가졌는가?

온 세상이 나를 다 버려 마음이 외로울 때도

저 맘이야 하고 믿어지는

그 사람을 그대는 가졌는가?

······

(故 함석헌 선생의 '그대는 그런 사람을 가졌는가' 중에서)

당신은 사람 냄새를 맡아본 적이 있는가? 그냥 사람 말고 진정한 사람 말이다.

여기 한 사람이 있다.

그는 올해 예순 살이다. 그는 평생 현장을 살았고 지금도 현장이다. 백두대간 1차 종주도 함께한 산악선배다.

새벽 3시.

철묵형이 차를 끌고 달려왔다.

불빛이 어둠을 가른다.

한계리를 지나자 장수대다.

한기가 엄습한다.

아들이 부스스 일어난다.

새벽 5시 반.

한계령이다.

칼바람이 엄습한다. 내복을 입고 털모자를 썼다. 코와 입이 시리다.

"야! 한계령 바람 진짜 대단하네. 아빠, 우리 이번이 세 번째지?"

"오늘은 설악이 문을 여는구나."

캄캄하다. 랜턴을 켰다.

아들이 앞장선다.

형의 발걸음이 무겁다. 수면부족과 나이 탓이다.

형이 발걸음을 멈췄다.

얼굴에서 피곤함이 묻어난다.

"현기증이 나고 불빛이 2개로 보여요. 올라오면서 계속 발을 헛디뎠어요. 아! 도저히 안 되겠어요. 그냥 내려가서 기다릴게요. 내 생각은 하지 말고 그냥 올라가세요. 지수야, 진짜 미안하다."

"아저씨, 괜찮아요?"

"응! 괜찮아. 내 걱정은 하지 마라."

"형, 미안해요. 괜히 우리 때문에……"

형이 하산을 결정했다.

발걸음이 무겁다.


천천히 살자.

모든 것을 운명이라고 받아들이자.

내가 이 세상에 살면서 만나는 모든 인연도, 모든 생각도, 내가 해야 할 모든 일들도, 그리고 겪어야 할 모든 일들도 다 일어날 일이기 때문에 일어난다.

(우리 땅 걷기운동 신정일 선생의 '아침 편지' 중에서)


새벽 6시 10분.

동이 튼다.


새벽 6시 반.

날이 밝는다.

점봉이 모습을 드러낸다. 설악에서 점봉을 본다.

아침 7시.
점봉의 능선위로 아침 햇살이 부서진다.
점봉은 방금 샤워를 마친 숫처녀의 나신이다.
공룡능선과 용아장성, 울산바위와 귀때기청봉.
늦가을 설악의 자태는 형형색색 금강산이다.
곳곳이 비경이고, 곳곳이 절경이다.

"야! 멋있지 않냐?"
"와아아! 정말 대단하다."
"세 번 만에 설악산에 왔네."
"아빠가 똥고집 부려서 그랬잖아."
"야 인마, 남자가 그 정도 고집 없는 놈이 어디 있냐?"
아들한테 아빠는 못 말리는 고집불통이다.

아침 7시 15분.
사람이 나타났다 사라진다.
'누굴까? 우리보다 앞서간 사람이 없었는데.'
바위 앞에 사람이 앉아있다.
"아니?"
철묵형이다.
"아니, 이게 도대체 어떻게 된 일이에요? 아니, 내려갔다는 사람이 어떻게
올라왔어요?"

"너무 힘들어서 그 자리에서 조금 쉬었다가 그냥 길 따라 쭈우욱 올라왔어요."

"정말로 귀신이 곡할 노릇이네. 그러면 우리가 길을 잘못 들었나? 아닌데 우리도 길 따라 올라왔는데."

링반데룽(환상방황)인가? 정말이지 알다가도 모를 일이다.


동이 트자 점봉이 허물을 벗는다.

열여덟 살 소녀의 해맑은 얼굴이다.

점봉을 보려거든 대청으로 오라.


아침 8시.

아들이 소리를 지른다.

"아빠, 저기 봐, 저기."

"검은 개야, 개!"

"야 인마, 개라니? 혹시 곰이 아니야?"

"아니, 분명히 개처럼 생겼는데."


아침 8시 50분.

공기가 차다.

설악의 기운이 폐부로 들어간다. 뱃속이 박하사탕이다.


오전 9시 반.

허기가 진다.

"배 안 고프냐?"

"나는 괜찮은데."

왜 묻는지 모르는 아들이다.

자식은 부모의 마음을 모른다.


오세암과 봉정암이 눈앞이다.

대청과 중청이 한눈에 들어온다.

중청 아래로 동해가 펼쳐진다. 동해는 비단 길이요, 활주로다.

하늘도 파랗고 바다도 파랗다.

아들이 뛰어간다. 아들은 토끼다.

오전 10시.

중청대피소다.

아들이 숨을 헐떡인다.

설악에서 100m를 달렸다.

세찬 바람에 몸이 흔들린다.

취사장에서 늦은 아침이다. 밥이 달다. 김치도 달다. 자유시간은 더욱 달다.

2013년 5월, 설악산 대청봉 인근 중청대피소에 설치된 우체통

대피소 앞이다.

산악엽서 모음통이 있다.

그러나 우체통은 없다. 빨간 우체통이 보고 싶다.

오전 10시 반.

대청봉이다.

감개무량하다. 아들을 껴안았다.

지리산 천왕봉에서 이곳까지 어언 6년. 지나온 대간길이 주마등처럼 스쳐지나간다.

눈물이 난다.

"야, 어떻냐? 중 2때부터 오늘까지……."

"그동안 아빠가 고생했지 뭐."

"너도 애썼다."

"너들 아버지도 어지간하지? 백두대간도 좋지만 아무리 그래도 그렇지 어떻게 휴가 나온 아들을 데리고 산에 오냐? 아들은 착하고, 아버지는 고집불통이다."

양양, 속초, 고성으로 이어지는 해안선이 그림 같다.

멀리 향로봉 너머 금강산이 희미하다.

내가 만일 새라면 설악 창공을 훨훨 날아 동해 바다 푸른 활주로에 사뿐히 내려앉고 싶다.

희운각 가는 길.

길고 긴 내리막이다.

봉정암과 용아장성이 눈앞이다.

용아장성은 위험하다. 보기만 해도 아찔하다.

아들이 뛴다. 아들은 노루다.

"야 인마, 좀 천천히 가라. 아저씨 하고 같이 가야지."

형이 다리를 절뚝인다.

"저는 무릎 연골이 다 닳았어요. 그래도 이 다리로 마라톤도 하고 백두대간도 다녔으니……. 다리가 주인 잘못 만나서 평생 고생했지요."

형의 도전과 끈기 앞에 가슴이 뭉클하다.

나는 가끔 후회한다
그때 그 일이 노다지였을지도 모르는데
그때 그 사람이 노다지였을지도 모르는데
더 열심히 파고들고
더 열심히 말을 걸고
더 열심히 귀 기울이고

더 열심히 사랑할 걸
……

모든 순간이 다아 꽃봉오리인 것을
내 열심에 따라 피어나는 꽃봉오리인 것을.

(정현종 시인의 시 '모든 순간이 꽃봉오리인 것을' 중에서)

오전 11시 45분.
희운각 대피소다.
형이 그 자리에 털썩 주저앉는다.
"아! 저는 이제 더 이상 못가겠어요. 괜히 저 때문에 자꾸 시간이 지체되어서 미안해요. 공룡능선 넘어서 설악동으로 하산하려면 7시간은 가야 하는데……. 도저히 자신이 없습니다. 먼저 내려가서 기다릴게요."

아들은 고개를 푹 숙이고 내 눈치만 본다.
"야, 너도 그냥 내려갔으면 좋겠지?"
"아! 내야 뭐, 그러면 좋지."
"그래, 그러면 하산하자. 아저씨만 혼자 내려 보낸다는 건 말도 안 된다. 대간 타는 놈들이 의리가 있어야지, 안 그렇냐?"
"아빠, 고마워."
"아니, 미안해서 이걸 어쩌지요?"
"나중에 한 번 더 오면 되지요. 내려가면서 천불동계곡도 구경하고 마침 잘됐네요. 사실 저도 내려오면서 여러 가지 생각했어요. 형은 무릎이 아프고, 우리는 앞으로 7시간을 더 가야 되는데 무리다 싶더라고요. 그리고 아무리 부자지간이지만 사실 휴가 나온 놈 델고 밤늦게까지 산 탄다는 게 미안하잖아요. 그래서 오늘은 그만 가야겠다고 생각했어요."

나는 배웠다
......
인생에서 무엇을 손에 쥐고 있는가 보다
누구와 함께 있느냐가 더 중요하다는 것을
......
더 못가겠다고 포기한 뒤에도
훨씬 멀리 갈 수 있다는 것을
......
멀리 떨어져 있어도 우정이 계속되듯
사랑 또한 그렇다는 것을
......

(오마르 워싱턴의 시 '나는 배웠다' 중에서)


형도, 아들도 모두 희색만면이다.
천불동계곡 하산길이다.
하산길은 소풍길이다. 소풍길이 새털처럼 가볍다.

오후 1시.
천당폭포와 양폭 곳곳이 비경이다.
귀면암 가을 풍광에 넋을 잃고 앉아있다.
여인 두 명이 우리 옆에 다가 앉는다.
한 여인이 아들을 뚫어지게 바라본다.
"아들이에요?"
"예."
"대학생이니?"
"군인인데요."
"너무 귀엽다."
철묵형이 끼어든다.
"귀엽다니요?"

"그 두 사람 무서운 사람이에요."

"왜요?"

"6년 동안 백두대간 타고 올라왔어요."

"와아아! 멋있다. 나는 딸만 둘인데 밥도 한 번 같이 못 먹겠어요. 와아아! 정말 부럽다."


오후 2시 반.

비선대계곡이다.

계곡 물이 햇살에 반짝인다.

늦은 점심을 먹는다.

행복한 밥상이다.

몸도 내려놓고 마음도 내려놓고 사랑하는 사람과 함께 밥을 먹는다.


얼굴도 씻고 발도 씻고 귀도 씻는다.

"마음도 좀 씻지 그래요."

"마음이 어디 있는데요?"

"마음을 꺼내서 깨끗하게 씻을 수만 있다면……."

"형은 때도 별로 안 나올 걸요."

"에이, 안 그래요. 괜히 설악산 맑은 물 오염시켜요."

"아빠하고 아저씨는 무슨 스님들 같아."

"야 인마, 산에 오래 다니면 그렇게 돼. 서당 개 삼 년이면 풍월을 읊는다고 그러잖아."

오후 3시 반.
설악 소공원이다.
택시와 버스를 번갈아 타고 다시 한계령이다.

오후 6시 반.
원주 사우나에서 몸을 씻었다.

저녁 7시 반.
송어 횟집이다.
세 사내가 소주를 놓고 앉아 있다.
소주는 강원도 소주 처음처럼이다.
회가 싱싱하다.
"자, 한잔하자."
"마태오, 다니엘 부자의 백두대간 종주를 위하여!"
"철묵아저씨와의 아름다운 만남과 멋진 미래를 위하여!"
"건배!"

# 32코스 희운각 ~ 마등령 ~ 미시령

미시령

마등령

희운각

🔖 산행기간 : 2011. 10. 17. ~ 10. 18.
🔖 산행거리 : 약 20km
🔖 산행시간 : 12시간 30분

# 아! 저항령, 호국영령들이여!

조국을 지키다 산화한 호국영령들이여!
이제 백두대간 마루금에서 내려오시라.
내려오시어 이제 편안한 마음으로 현충원 그대 동료들 곁에서 고이 잠드시라.

산으로 간다는 것은
우리는 우리가 한때 나무였고
한때 물이었기 때문입니다
산으로 간다는 것은
우리는 우리가 풀과 바람과 돌과 함께
그곳에 존재하기 때문입니다
산으로 간다는 것은
우리는 우리가 그곳으로부터
왔다는 것을 알기 때문입니다

산으로 간다는 것은
우리는 우리가 훗날 그곳으로
돌아갈 것이라는 것을 알기 때문입니다.

(故 한성목 님의 '산으로 간다는 것은' 중에서)

아들은 육군병장 제대 말년이다.
산에 들면 계급장은 추풍낙엽이다.
우리 땅 걷기 이사장 신정일은 "산에서는 누구나 똑같이 두 발로 걸어야만
하기 때문에 예외 없이 평등하다. 산은 평등함을 가르쳐 준다"라고 했다.

설악은 사람 반, 단풍 반이다.
비선대를 지나자 천당폭포다.
"아빠, 천당이 어딨어?"
천당폭포에 천당은 없다.

희운각 오르막이다.
산은 인파로 가득하다.
"야아! 대한민국 사람들 다 모였네."
가을마다 설악은 산 몸살을 앓는다.
아들이 인파를 뚫고 씽씽 올라간다.
희운각 갈림길을 지나자 공룡능선이다.
"여기는 사람이 하나도 없네. 길 하나 차인데 어떻게 이럴 수가 있지."
"거창고등학교 십계명 중에 이런 말이 있다. 사람들이 앞다투어 모여드는
곳이 아니라 아무도 가지 않는 곳으로 가라. 내가 원하는 곳이 아니라 나를
필요로 하는 곳을 택해라."

"말은 쉽지만 실천하기가 어렵잖아."
"그래서 성공하는 놈이 적은 거다."

바람이 거세다.
공룡능선은 바람의 언덕이다.
"아빠, 우리 밥 먹고 가자."
"어디 명당자리 좀 잡아봐라."
소설가 이외수는 《절대강자》에서  명당에 대해서 이렇게 말했다.

깔고 앉은 사람에 따라 땅도 변한다는 말이 있습니다.
명당이 따로 없다는 뜻이지요. 덕이 높은 사람이 깔고 앉으면 명당 아닌 자리가 없다고 합
니다.

바람 한 점 없는 명당이다.
"아빠, 여기가 금계포란형이다."
"풍수도 다 알고 어디서 주워들은 소리는 있어가지고."
"아빠한테 배웠지. 내가 누구한테 배워?"
"너도 이제 얼추 '새끼도사'다 됐네."
"서당 개 삼 년이면 풍월을 읊는다는데, 나도 이제 백두대간 8년찬데."
자식은 부모의 거울이다. 자식을 보면 부모가 보인다.

도시락을 열었다.
도시락 안에 아내의 사랑이 가득하다.
"역시 엄마가 해준 반찬이 최고야. 엄마는 이 세상 최고의 요리사야."
"백두대간의 절반은 엄마가 했다. 엄마는 베이스캠프 사령관이다."

동탄에서 온 사내가 옆자리에 앉는다.

"내가 좀 심심해서 친구 새끼들 보고 설악산 가자고 하니까, 힘들어서 안 간다고 그러더라구요. 그래서 새벽 2시에 나 혼자 나왔어요."

"아니, 사모님 하고 같이 오시지 그랬어요?"

"어디 마누라가 내 말 듣나요. 나이 오십이 넘으니까 여자들 목소리가 얼마나 큰지, 남자들은 그냥 마누라 눈치나 보면서 조용히 살아야 되겠더라고요. 선생은 안 그래요?"

아들이 씩 웃는다.


다시 공룡능선이다.

강풍에 몸이 휘청한다.

바람을 타고 낙엽이 새떼처럼 날아오른다.

고사목에서 까마귀가 까악, 까악 운다.

다람쥐가 도토리를 물고 쪼로로 지나간다.


오후 2시 반.

1275봉이다.

마등령 2.1km다.

사과 한 개를 쪼갰다.

사과 속에 정이 듬뿍하다.

동해와 울산바위가 병풍이다.

산과 바다가 진경산수다.

고려시대 문신 안축(1287~1348)은 설악을 답사하며 시 한 수를 남겼다.

金剛秀而不雄 智異雄而不秀 雪嶽秀而雄
금강은 빼어나나 웅장하지 못하고
지리는 웅장하나 빼어나지 못하다.
그러나 설악은 빼어나고 웅장하다.

공룡능선에서 바라보는 동해 풍광이 압권이다.
"와아아! 정말 뭐라고 말을 할 수가 없네. 이러니까 사람들이 설악에 미칠 수밖에. 이제 좀 이해가 되네."
"산은 이해하는 게 아니라 느끼는 거다."

시커먼 비구름이 몰려온다.
바람이 물밀듯이 불어온다.
얼굴에 빗방울이 돋는다.
까마귀 한 마리가 따라온다.
가을 산은 황량하다.
"아빠, 오늘 빵모자 덕 많이 본다."
"가을 산에 들 땐 초겨울 준비를 해야 한다. 사는 일도 마찬가지다."
"유비무환 아니야?"
"말보다 실천이다."

오후 3시 45분.
마등령이다.

"아빠, 우리 드디어 공룡을 넘었다. 공룡능선이 험하다고 그래서 겁먹었는데."

"그 험한 속리산, 대야산, 희양산, 점봉산도 넘었잖아."

"그때는 뭘 몰랐으니까 그랬지. 이제는 산이 겁이 나."

"뭘 좀 알고 나면 용기가 적어지고 대신 지혜가 생긴다."

금강굴과 미시령 오세암 갈림길이다.

"야호! 이제 오세암까지 얼마 안 남았다."

"까불지 마라. 까불다가 다친다."

"인생도 그렇지?"

"새끼가 별걸 다 아네."

"아빠가 그랬잖아, 백두대간 오래 다니면 도사가 다 된다고."

오세암 내리막 길.

대구 사는 노부부다.

남자가 다리를 절뚝인다.

부인이 발을 동동 구른다.

"약 좀 발라 드릴까요?"

"아! 예, 개안심더."

바지를 걷었다.

다리가 튼실하다.

마사지를 했다. 파스도 붙였다.

"오늘 12시간 걸었는데 개안터니 내리막길에서 아이고, 마 꼼짝을 모하겠

는 기라. 차아암, 나도 옛날에는 설악산을 날라댕겼는데, 참말로 나이는 못 속이겠는 기라."

그의 아내가 이때다 싶어서 목소리를 높였다.

"그 보소. 내가 마 그케도 무리하지 말라켄는데도, 그케도 우겨쌌터니 내 이럴 줄 알았는 기라. 무슨 사단이 나도 나야지, 오늘 아주 딱 잘 걸렸는 기라."

"아저씨는 뼈대도 굵고 몸이 단단하게 생겼는데요."

"아이고! 선상님요, 말도 마이소. 단단하면 뭐하는 기요. 그냥 허우대만 멀쩡해가지고 얼메나 고집이 센지, 하이고, 마 살아본 사람이나 알지. 내 속 썩는 거는 아무도 모릅니데이."

아들이 씩 웃는다.

"거는 아들이요?"

"예."

"그래도 참말로 용하네. 우리 집 아 새끼는 아바이 닮아서 그란지 고집불통이라요. 하여튼 피는 못 속인다니까요."

물파스와 안티푸라민을 통째로 건네주었다.

"선상님은 우얄라꼬요?"

"저는 괜찮습니다."

"아이고, 마 정말로 고맙심데이. 선상님은 나중에 복 받을끼라요. 백담사까지 가야 되는데 저물겠지예?"

"천천히 내려가시면 됩니다."

대구 50대 부부의 아름다운 동행이다.

오후 4시 반.
오세암이다.
불전함에 2만 원을 넣었다.
보살이 숙소를 알려준다.
찬물에 몸을 씻었다. 움츠렸던 세포가 살아난다.

종소리가 들린다. 저녁공양 시간이다.
"아빠, 공양이 뭐야?"
"부처님께 드리는 감사기도다. 밥 먹는 것도 기도다."
반찬은 미역국과 오이무침이다.
쌀밥에다 미역국과 오미무침을 말았다.

밥그릇과 반찬그릇이 따로 없다. 간소한 식사다.
밥맛이 꿀맛이다. 밥 한 톨 남기지 않는다.
밥그릇과 숟가락을 씻었다.
자기가 먹은 것은 자기가 씻는다. 산에서는 누구나 평등하다.
부처님 앞에서는 누구나 평등하다.

"야, 아빠가 머리 깎고 승복 입으면 어떻겠냐?"
"잘 어울릴 것 같은데."
"진짜?"
"아빠 눈썹이 스님 눈썹이라고 그러던데."
"누가 그래?"
"인제 살 때 바오로아저씨가 그랬어."
나는 지금도 스님이 되고 싶다.

불 꺼진 방이다.

다섯 명이 둘러앉았다.

방구들이 뜨끈뜨끈하다.

구미 사는 젊은이다.

"지는 예, 스트레스 만땅 때마다 여길 옵니다. 한 번 왔다가면 예, 머리가 말게 져서 돌아갑니다."

청주 사는 50대다.

"저는 아내하고 매주 산에 다닙니다. 아내가 큰 수술을 두 번이나 받았는데, 산에 다니면서 거의 다 회복되었습니다. 산이 만병통치약입니다."

소피를 보러 문밖을 나섰다.

찬바람에 코끝에 싸하다.

별빛이 쏟아진다. 별빛이 폭포다.

아들이 감탄한다.

"우와! 완전히 별 바다다."

카시오페아, 북두칠성, 별, 별, 별…….

아들은 별만 보면 환호한다.

지리산 별, 덕유산 별, 점봉산 별……. 백두대간 밤하늘에 쏟아져 내리던 무수한 별 빛이 떠오른다.

별빛 생각만 하면 마음이 환해진다.

새벽 3시.

데에엥~ 데에엥~ 데에엥~.

새벽예불 종소리다.

목탁과 염불소리가 깊은 골짜기에 울려 퍼진다.

새벽 4시.

끼이익! 끼이익!

문 앞에 짐승이 왔다.

새벽 5시.
해우소 가는 길, 스님을 만났다.
합장하고 머리를 숙였다. 스님도 합장하고 머리를 숙인다.
"아빠, 언제 그런 거 배웠어?"
"야 인마, 절에 오면 모두 다 불자가 되는 거야."
"아빠, 정말 대단하다. 천주학쟁이도 되고, 불자도 되고……."
찬물에 세수를 했다.
정신이 번쩍 난다.

새벽 6시.
종소리가 들린다. 아침공양시간이다.
"아빠, 한 그릇 더 먹어도 돼?"
"맛있냐?"
"엄청 맛있어."
보살 한 분이 도시락에 밥을 담아준다.
오이무침도 반찬통에 가득 담아준다.
보살마음이 부처를 닮았다. 보살한테서 부처를 느낀다. 보살이 부처다.

마등령 오름길이다.
몸이 새털이다.
공기가 청명하다. 폐부가 살아 춤춘다.
새가 왔다.
쪽쪽쪽, 쪽쪽쪽…….

새가 따라오면서 말을 건다.
동물들의 영원한 친구 프란치스코 성인이 생각난다.

아침 7시.
마등령이다.
바람이 거세다. 바람 속에 겨울이 숨어있다.
수평선에 둥근 해가 떠오른다. 먼 바다에 고깃배가 한 점이다.
공룡능선이 햇빛으로 반짝인다. 멀리 대청과 소청이 한 줄이다.
일출을 보며 아들이 서 있다.
산은 오직 바람 소리뿐, 사방이 고요하다.

……
아, 그러나 시방 우리는 각각 홀로 있다
홀로 있다는 것은 멀리서 혼자 바라만 본다는 것
허공을 지키는 빈 가지처럼
가을은 멀리 있는 것이 아름다운 계절이다.

(오세영 시인의 '가을에' 중에서)

금강굴과 백담사 공룡능선 저항령 갈림길이다.
우리는 저항령으로 향한다.
출입통제 장애물을 넘는다.
아들이 앞서간다. 말없이 묵묵하다.
길이 희미하다. 잡목과 낙엽지천이다.

아침 8시.

너덜지대다.

돌 천지다. 뾰족뾰족 울퉁불퉁 기기묘묘다.

돌 틈이 크레바스(Crevasse)다. 한 발만 삐끗하면 깊은 추락이다. 방심하면 대형사고로 이어진다.

아들과 함께 큰 바위에 걸터앉았다. 울산바위와 속초가 손에 잡힐 듯 가깝다.

아들이 간식을 꺼낸다.

"아빠, 이거 먹어봐."

"사과는 어떻게 하고?"

"찹쌀떡도 맛있어. 엄마가 아빠가 좋아한다고 특별히 싸줬어."


너덜지대가 이어진다.

"여기는 옛날에 바다 속이 아니었을까?"

"바위 생김새를 보면 그러고도 남겠는데."

바위에 노란 페인트로 화살표시가 되어 있다. 선답자들의 마음 씀씀이가 보이는 듯하다.

"밤에 왔다간 헤매기 십상이네."

"잘못하다간 사고 나겠다."


오전 9시.

마가목 열매가 주렁주렁하다.

6·25 전사자 유해발굴이 진행 중인 해발 1천400m 설악산 저항령 고지 정상에서 국방부유해발굴감식단원과 육군 3군단, 육군 12사단 유해발굴팀원들이 발굴된 유해를 운구하기에 앞서 거수경례로 예의를 표하고 있다.
(2012년 6월 14일자, 〈연합뉴스〉, 속초 이종건 기자)

단풍은 8부 능선으로 하산중이다. 온 산이 불타는 듯하다.

1,248m봉이다.
저항령이 눈앞이다.
바람이 분다. 바람은 산 밑에서 산 위로 분다.
바람을 타고 저항령을 오른다.
광활한 너덜지대가 펼쳐진다.
화살표와 리본이 방향이다.

주목나무다.
열매를 땄다. 입에 넣으니 쫀득쫀득하다.
아들 입에도 한 줌 넣어준다. 아들도 내 입에 넣어준다.
입 안에서 핏줄이 느껴진다.

오전 10시 10분.
저항령이다.
저항령은 1983년 설악산 반달곰이 나타나기도 했고, 한국전쟁 때 수도기갑여단과 인민군의 전투가 치열했던 곳이기도 하다.

이곳에서 죽어 구천을 떠도는 수많은 호국영령들의 목소리가 들리는 듯하다. 국방부 유해발굴단의 발굴 작업이 계속되고 있으며, 그들에 의해 유해와 부서진 군모, 수통 숟가락 등이 발견되기도 했다.

조국을 지키다 산화한 호국영령들이여!
이제 백두대간 마루금에서 내려오시라.
내려오시어 이제 편안한 마음으로 현충원 그대 동료들 곁에서 고이 잠드시라.
하느님, 나라를 지키다 산화한 호국영령들에게 영원한 안식을 주소서. 영원한 빛을 그들에게 비추소서!

돌아보니 마등령, 공룡능선, 대청봉이 한 줄이다.
대청봉과 귀떼기청봉, 서북주릉도 멋진 곡선이다.
동해와 울산바위는 손에 잡힐 듯 진경산수다.
풍광 너머 또 풍광이다.

너럭바위다.
동해를 보고 털썩 주저앉았다.
"제대하고 어디 여행이라도 다녀와라."
"나도 다 생각이 있어."
"무슨 생각?"
"유럽 5개국 배낭여행 다녀오려고."
"혼자서?"
"그럼."

"돈은?"

"알바 자리 미리 알아놨어. 알바해서 어느 정도 벌고, 아빠가 좀 보태주면 될 것 같은데."

"멋진 생각이다. 여행계획서 제출해라."

아들이란 존재도 내가 이 땅에 머무는 동안 인연으로 잠시 만났다가 헤어지는 것이다. 나에겐 나의 길이 있듯이 아들에겐 아들의 길이 있다.


오전 11시.

황철봉이다.

아무런 표지가 없다.

사과 한 개로 허기를 달랜다.

다섯 시간을 걸어도 힘들지 않다.

"야, 힘들지 않냐?"

"아니."

"마가목 열매를 먹어서 그런가?"


낙엽이 무릎까지 빠진다.

강풍에 낙엽이 날아간다.

사람 그림자도 없다.

둘이서 침묵 속보다. 절대고독 용맹전진이다.


낮 12시.

배가 고프다.

절밥과 김치를 꺼냈다.

밥맛이 꿀맛이다.
남은 반찬은 보시다.
"밥도 한 숟가락 덜어내라."
밥도 나누고 반찬도 나눈다. 나눔은 상생과 공존이다.

인천 인제고등학교 교장실 입구에 이런 문구가 붙어있다.

미숙한 교사는 언어로 가르치고
보통의 교사는 행동으로 가르치고
우수한 교사는 감동으로 가르친다.

산은 언제나 우수한 교사다.
감동의 크기는 마음에 달려있다.

멀리 미시령이 희미하다.
낙엽이 켜켜로 쌓여있다.
바람소리가 거세다. 바닷바람과 산바람이 만나서 서로 얼싸안고 좋아라 떠
드는 소리다.
영화 '최종병기 활'의 명대사가 생각난다.

바람은 계산하는 것이 아니라 극복하는 것이다.

오후 1시.
미시령휴게소가 지척이다.

미시령 너머 진부령, 향로봉, 금강산이 선명하다.

동해 화진포 너머 북녘 해금강이 맑고 시리다.
아들은 향로봉을 보며 동료 병사를 생각했다.
"저기 GOP 있는 애들 엄청 고생하겠다. 곧 겨울인데 영하 20~30도는 기본일 텐데."
"최전방은 벌써 월동준비 다 끝냈을 거야."

풀숲에 들었다.
구덩이를 팠다. 똥을 누었다. 똥구멍이 화아아~하다.
똥을 묻고 낙엽을 덮었다.
시인 노희석은 "사람들은 무엇이든 들이기는 좋아하면서도 내보내는 일은 싫어한다. 그러나 잘사는 사람은 내보내기를 즐겨하는 사람이다. 진정으로 오를 줄 아는 사람은 내려오는 것을 두려워하지 않는 사람이다"라고 했다.

오후 1시 반.
미시령이다.
표지석에 올랐다.
MTB 자전거 타는 젊은이가 말했다.
"두 분, 너무 멋진데요. 부럽습니다."

생각이 뜨거운 사람은, 세상을 쉽고 편하게 사는 법이 없다
왜냐하면 아닌 것은 아니라고 소리칠 줄 알기 때문이다
생각이 뜨거운 사람은 가슴이 따뜻하다
그래서 그 따뜻한 가슴으로
세상의 꽁꽁 언 가슴들을 따뜻하게 감싸준다.

(노희석 시인의 '생각은 뜨거워야 한다' 중에서)

70대 노부부를 만났다.
"백두대간 부자 종주, 그야말로 대단한 프로젝트네요. 두 분의 도전과 용

기가 부럽네요. 설악동까지 태워드릴게요."

　노 교수 부부는 내내 환했고 격려로 넘쳤다.

　그들이 길옆에 차를 세웠다.

　군밤 한 봉지를 사서 건네준다.

　"멋진 아들, 아버지 모시고 끝까지 파이팅이다."

　"어르신네, 고맙습니다. 명심하겠습니다."

# 33코스 미시령 ~ 진부령

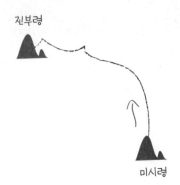

진부령

- 산행기간 : 2012. 5. 20.
- 산행거리 : 약 18km
- 산행시간 : 8시간 10분

미시령

## 사랑하면 알게 되고 알면 보이나니

"이제부터 너는 자유다. 해방이다. 훨훨 날아서 드넓은 세상으로 나아가라."
"아빠, 고마워. 나 이제부터 잘 할게."
"그래, 너는 잘 할 수 있을 거다. 힘들 때마다 아빠와의 백두대간 산행을 기억하렴."

잊지 말라
지금 네가 열고 들어온 문이
한 때는 다 벽이었다는 걸
쉽게 열리는 문은
쉽게 닫히는 법
들어올 땐 좁지만
나갈 땐 넓은 거란다
집도 사람도 생각의 그릇만큼
넓어지고 깊어지니

처음 문을 열 때의 그 떨림으로
늘 네 집의 창문을 넓혀라
……

(시인 고두현의 '처음 출근하는 이에게' 중에서)

마지막은 허허롭다.
선명하고 명석하다.
지나온 길이 꿈길 같고, 남은 길은 섭섭하다.

지난 8년.
백두대간은 화두였다.
산은 고통이었지만 산에 들면 자유로웠다.
아들은 '포기하자'는 말이 입 안에서 뱅뱅 돌았지만 아비의 결기에 이끌려
입산과 하산을 반복하며 여기까지 왔다.
아비는 아들에게 백두대간 산행을 통해서 머지않아 닥쳐올 세상살이의 엄
중함과 고단함을 가르쳐 주고 싶었고, 무슨 일이든 참고 견디며 내 힘으로
한 발, 한 발 나아가야 소망에 다다를 수 있음을 깨닫게 해주고 싶었다.

남한 백두대간 마지막 구간이다.
작은 현수막을 만들었다.
젊은 후배 김경래가 디자인했고 e- 디자인 장호진이 정성을 기울였다.
현수막에서 그들의 마음이 느껴진다.
전통시장에서 손목시계를 고쳤고, 떡집에서 시루떡과 인절미도 샀다.

"지수야, 쌀 챙겼냐?"

"어이구! 참."

"너는 어떻게 젊은 놈이 그렇게 정신이 없냐?"

"여기에 쌀 아홉 컵 담았다. 저녁에 우선 세 컵을 부어서 밥을 해 먹고, 나머지는 쌀을 씻어서 전기밥솥에 안쳐놓고 자라. 그리고 새벽에 일어나자마자……."

아내는 잔소리로 설레었고, 나는 해방감으로 가벼웠다.


5월 19일.

땅거미 질 무렵.

설악에 드니 산안개가 두텁다. 전조등을 켜도 한 치 앞이 안 보인다.

불빛과 육감으로 산자락을 더듬었다.

'진부령 목장펜션' 입구다.

주인 집 아들이 나와 있다.

"방에 불을 넣었습니다. 여기는 해만 떨어지면 금방 추워집니다. 내일 새벽에 제 차로 미시령까지 모시겠습니다."


다음날 새벽 4시.

밥을 먹고 밥을 담았다.

차는 푸른 설악을 돌고 돌아 미시령에 우리를 내려놓았다.


새벽 5시 20분.

철책을 넘었다.

새소리도 푸른 설악이다.

산바람을 맞으며 땀을 거둔다.

산 아래 계곡 길이 구절양장이다.

　저항령, 마등령, 공룡능선이 세로로 빛나고, 대청, 중청, 화채봉이 일자진으로 펼쳐진다.

　미시령에 굴이 뚫렸다.
　굴은 빠르고 령은 느리다. 굴은 새 길이요, 령은 옛길이다. 새 길에 밀려 옛길이 사라져간다.
　산 위와 산 아래 원시와 문명이 공존한다.
　굴 사이로 차량이 바람을 가르며 달려간다.

　새벽 6시.
　하루살이가 난다.
　바람 한 점 없다.
　산속엔 사람 그림자도 비치지 않는다.
　미시령 건너 황철봉과 너덜지대가 선명하다.
　울산바위에 아침햇살이 하얗게 부서져 내린다.

　석간수다.
　물이 퐁퐁 솟는다. 찬물을 실컷 먹고, 먹은 만큼 담는다.
　"한 모금 벌었네."
　물 한 모금이 생명이다.
　속초 시내와 영랑호가 하얀 들판이다.
　동해 바다가 갈치비늘처럼 반짝인다.

"아빠, 오늘 무지하게 덥겠다."
"여기가 이 정도니 세상은 용광로겠지."

새벽 6시 50분.
상봉(1,239m)이다.
돌탑에 민초들의 염원이 담겨있다.

북쪽으로 가야 할 길이 선명하다.
북으로 신선봉, 마산봉, 향로봉과 금강산이 손에 잡힐 듯 가깝다.
"아빠, 나 다리에 식은땀이 계속 나."
"전번에 약 먹었는데도 그러냐?"
"그때는 괜찮았는데 또 그래."
"바위산을 자주 타라."
"바위산은 왜?"
"바위산은 양기를 보해 준다."
"바위산은 어떤 산이 있는데?"
"'악'자 붙은 산, 즉 설악산, 치악산, 월악산, 삼악산……."

아침 7시 반.
원추리 밭이다.
단풍취 지천이다.
잡목이 잡아챈다.
접근금지 철조망이다. 검은 비닐로 덮여있다.
"저게 뭘까?"

"군 야전삽과 빗자루잖아."

"군대 있을 때 눈만 오면 눈 치우느라고 장난도 아니었지. 아니, 눈이 펑펑 쏟아지는데도 계속 쓸라는 거야."

"눈 쓰는 것도 훈련 아니냐?"

"그러고 보니 그렇네."

"생각하기 나름이다."

잡목 숲이 계속된다.

새소리가 모차르트다.

최전방 향로봉이 아득하다.

하늘 위로 뭉게구름이 흘러간다.

박재삼 시인의 나무와 구름이 생각난다.

나무들은 모두 숨이 차다.

그러나 하늘의 구름들은 하나같이 평상에 누운 듯 태평의 몸짓으로 옷자락만 나부끼고 있을 뿐이다.

바위에 걸터앉았다.

뭉게구름이 빠르게 지나간다.

"아빠, 나 USB 잃어버렸어."

"고등학교 때 찍은 사진하고 유럽 가서 찍은 사진 다 들어 있는데."

"뭐라고?"

"그래도 반은 핸드폰에 남아있어."

"토끼도 굴을 세 개나 판다는데 너는?"

"다음부터는 나도 토끼처럼 살아야겠네."

"야, 그냥 사람처럼 살아라."

"하하하."

아침 8시 20분.

오늘 처음으로 사람을 만났다.

평촌 산 친구 백두대간 종주팀이다.

"백두대간 마치는 거예요?"

"예, 8년 걸렸습니다."

"와아아! 8년이라고요? 좋은 교육시키셨네요."

"아니, 뭘요."

"진짜 부럽네요. 여기 맥주 한 잔하시지요. 백두대간 완주를 축하드립니다."

캔 맥주가 얼음이다. 가슴속까지 달고 시원하다.

"야, 아들도 맥주 한 잔해라."

"아니, 괜찮습니다."

"야 인마, 선배들이 한 잔 먹으라면 한 잔 먹어."

"예, 알겠습니다."

"야, 그런데 너도 진짜 대단하다. 너 그러면 언제부터 대간 타기 시작했냐?"

"중 2때부터요."

"야! 진짜 대단하고 부럽다. 나도 우리 아들놈 델고 다녀야겠다. 너는 인마, 진짜 아버지 잘 만났다. 살면서 두고두고 아버지 생각이 날 거다."


지루한 잡목 숲이 계속된다.

한 치 앞이 보이지 않는다.

땀이 뚝뚝 떨어진다.

깊은 내리막이다.

"내려갈 때는 올라갈 때를 생각하고, 올라갈 때는 내려갈 때를 생각해라."

"그 얘기 산 다니면서 귀에 딱지가 앉도록 들었어."

"문제는 실천이다."

남명 조식 선생은 "배운 것을 실천하지 못하면 안 배움만 못하고 오히려 죄악이 된다"고 했다.

살아보면 선인들의 말씀이 한 마디도 그른 게 없다.


오전 9시.

대간령이다.

우리말로 큰 새이령이다.

조선시대 '신증동국여지승람'에는 소파령, '해동지도'에는 석파령이라고 적혀 있다.

출입금지 표지판이 붙어있다.

멸종위기 1급 산양과 2급 삵이 살고 있으며, 위반 시 자연공원법 제2조에 의거 과태료 10만 원을 부과함.

암봉 오르막이다.

바람 한 점 없다. 숨이 턱턱 막힌다. 땀이 뚝뚝 떨어진다.

아들은 몇 걸음 떨어져 따라온다.

이철환 시인은 사랑법에서 "사랑의 비밀을 아는 사람은 사랑보다 두 걸음 뒤에서 걸어간다"고 했다.

오전 9시 35분.

암봉이다.

바람이 얼음이다.

물맛이 꿀맛이다.

웃통을 벗는다. 바람이 스치고 지나간다. 우리는 이를 '백두대간 알몸 마사지'라고 한다. 마른 몸이 날아갈 듯 가볍다.

지나온 능선길이 물결치듯 다가온다. 산 물결을 타고 지난 8년이 되살아난다.

"아빠, 내가 그동안 저 길을 어떻게 지나왔는지 모르겠어."

"그래. 나도 어떻게 저 길을 헤쳐 왔는지 그저 꿈만 같다."

"생각해보면 그동안 아빠를 힘들게 한 일이 너무 많았어. 두타산에서 아빠를 내버려두고 나 혼자 내려간 일, 그리고 툭하면 힘들어서 못 간다고 꼬장 부린 일…… 지금 생각해 보면 그때는 왜 그랬나 싶어. 아빠, 미안해."

"아니야, 내가 오히려 너한테 미안하고 고맙지 뭐."

모든 마지막은 미안하고 고맙다. 마지막은 후회요, 내려놓음이다.

다시 마산봉 가는 길.

기나긴 오르막이다.

"어! 나침반이 없네."

"아! 거기 암봉에서 쉬면서 그냥 놔두고 왔구나. 야, 조금만 기다려라. 다시 갔다 올게."

"아빠, 이제는 너무 늦었어. 갔다 오려면 진작 갔다 왔어야지. 그만 잃어버렸다고 생각해."

"아니야, 12년 동안 내 목에 걸고 다닌 건데."

"백두대간 산신령님께 선물로 드렸다고 생각해. 아빠가 그랬잖아. 모든 건 생각하기 나름이라고."

"그래그래, 맞다. 아쉽지만 할 수 없구나."

나침반 생각에 오래도록 마음 한 구석이 애틋하다.


노원호 시인의 '행복한 일'이 생각난다.


누군가를 보듬고 있다는 것은 행복한 일이다.

나무의 뿌리를 감싸고 있는 흙이 그렇고, 작은 풀잎을 위해 바람막이가 되어준 나무가 그렇고, 텃밭의 상추를 둘러싸고 있는 울타리가 그렇다……

남을 위해 내 마음을 조금 내어준 나도 참으로 행복하다.


오전 11시 10분.

마산봉(馬山峰)이다.

"와아아! 이제 다 왔다."
진부령이 발밑이다.
향로봉 오름길이 환하다.
금강산 실루엣이 수평선이다.
아들이 표지석으로 달려간다.
"아빠, 이거 이렇게 들고 있어. 내가 사진기 자동으로 놓고 뛰어올게."
"하나, 둘, 셋!"
찰칵!

도시락을 펼쳤다.
검은콩, 김치, 더덕, 오징어무침이다.
"와아아! 진수성찬이다."
"그동안 엄마가 우리를 위해서 도시락 싼다고 엄청 고생했는데, 엄마를 위
해서 잠시 기도하자."
기도는 언제나 주모경이다.
하루살이가 달려든다.
삶은 나눔이다.
아들이 밥을 떠서 여기저기 던져준다.
하루살이가 밥을 좇아 동서남북 흩어진다.

진부령 내리막이다.
알프스리조트 갈림길이다.
수많은 리본이 나부낀다. 백두대간 선배들의 흔적이다. 리본마다 갖가지 사
연이 담겨있다. 그들의 땀과 눈물이 느껴진다.

오후 1시 반.

드디어 진부령이다.

아들을 껴안았다. 눈물이 난다.

'아! 왜 이리 눈물이 나는 걸까.'

"아빠, 우리 드디어 해냈어!"

"그래, 정말 애썼다. 장하다, 장해."

지나온 길과 지나온 시간이 되살아난다.

지리산 벽소령 밤하늘에 폭포처럼 쏟아져 내리던 별빛, 중복날 허기에 지쳐 탈진을 거듭했던 덕유산 2박 3일, 밥이 무엇인지 산다는 게 무엇인지 깨닫게 해 주었던 거창 빼재 어른들의 넉넉한 인심과 눈물 나는 격려, 도전이란 무엇인지 몸소 보여주었던 일흔 살 할아버지의 백두대간 70일 연속종주, 쏟아지는 빗속에서 눈물 반, 빗물 반 라면을 먹으며 서러워서 울었던 봉화산 중턱, 한밤중 길을 잃고 헤매며 공포에 떨었던 속리산 늘재 하산 길, 손에 땀을 쥐며 목숨 걸고 넘었던 대야산과 희양산 직벽바위, 직지사 민박집 화장실에서 아침밥을 지으며 인간이란 언제 어떤 처지에서든지 적응하며 살아갈 수 있다는 걸 깨달은 일, 아들친구 구인이와 함께하며 행복했던 소백산과 태백산 구간, 대청봉을 넘으며 온몸으로 격려해준 예순 살 철묵형의 의리, 절밥을 먹으며 부처님의 자비를 느꼈던 오세암에서의 하룻밤, 승용차를 태워주고 기도하고 격려해 주셨던 이름 모를 사람들…….

"이제부터 너는 자유다. 해방이다. 훨훨 날아서 드넓은 세상으로 나아가라."

"아빠, 고마워. 나 이제부터 잘 할게."

"그래, 너는 잘 할 수 있을 거다. 힘들 때마다 아빠와의 백두대간 산행을 기억하렴. 그리고 우리를 도와주고 격려해주셨던 많은 분들의 고마움을 잊지 말고 세상에 그 고마움 조금이라도 갚아야 한다."

끝.

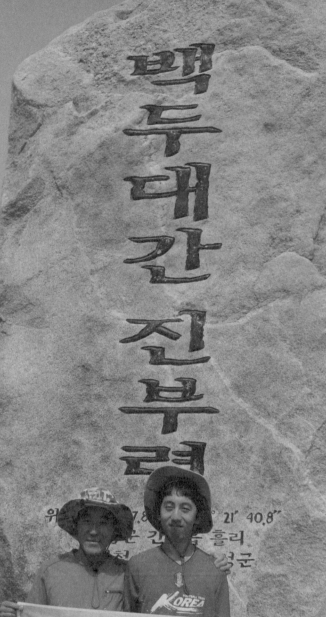

# 생각해보면 모두 다 남의 덕이다

**그렇습니다.**
좀 더 쉽게,
좀 더 빠르게 할 수도 있었습니다.
건너뛸 수도 있었고 산악회를 따라 다닐 수도 있었습니다.

누구는 아들 데리고 다니며 고생시킨다고 했고, 누구는 저러다가 늙으면 골병든다고 했습니다.
그러나 많은 분들은 "정말 잘한다, 산(生) 교육이다, 부럽다"라고 하며 끝까지 완주하라고 격려해 주었습니다.

친구 태진이는 백복령에서 댓재까지, 인제 박형석형은 한계령에서 조침령까지, 서울 노 교수 부부는 한계령에서 속초까지, 이름 모를 트럭기사는 조침령에서 양양까지, 그밖에 수많은 사람들이 공짜로 차를 태워 주었습니다.

어떤 분은 먹을 것을 거저 주었습니다.
큰재 사는 농장 주인은 갓 딴 사과와 포도를 배낭에 넣어 주었고, 빼재 사는 어르신네는 과일과 막걸리와 라면을 주며, "어여 많이 먹고 힘내라"고 격려해 주었습니다. 익산역 기사식당 주인은 밥값을 받지 않았고, 직지사 스님은 "성불하라"고 합장하며 주머니에서 알사탕을 꺼내 손에 쥐어 주었습니다.

**우리는 울었습니다.**

속리산 늘재 암벽 컴컴한 하산 길에서 길을 잃고 헤매며 울었고, 비 내리는 봉화산에서 빗물 섞인 라면을 먹으며 꾸역꾸역 울었고, 이른 새벽 안개 낀 어둠속에서 가시밭에 넘어져 피 흘리며 울었고, 구룡령 승희민박집 할머니의 후덕한 인심에 감동 먹고 엉엉 울었습니다.

**우리는 환호했습니다.**

지리산 벽소령 밤하늘에 폭포처럼 쏟아져 내리던 아름다운 별빛과 소백산 도솔봉 아래 펼쳐지던 굽이치던 산 물결을 보며 환호했고, 대야산과 희양산 직벽바위를 목숨걸고 넘으며 살아있음에 환호했습니다.

**우리는 배웠습니다.**

일흔 살 할아버지의 백두대간 70일 연속종주 도전과 사업에 실패하고 자살을 결심했다가 마음을 돌이켜 백두대간 연속종주에 나선 50대 중소기업 사장의 '오뚜가 정신'을 보며 삶은 도전의 연속이라는 것을, 꿈꾸며 도전하는 자에게는 닫혔던 문이 열리고야 만다는 사실을 비로소 배웠습니다.

그러나 무엇보다도 8년이란 긴 시간 동안 한결같은 눈빛과 몸짓으로 우리를 격려하고 응원해준 사랑하는 아내 정진이와 딸 김지혜에게 고마운 마음을 전합니다.

멀리 살며 기도로서 안녕을 빌어주었던 고마운 분들도 잊을 수 없습니다. 특히 백두대간 선배 고 방윤석 신부는 매 구간 산행을 마칠 때마다 전화를 걸어 따뜻하게 격려해 주었습니다.

생각해보면 모두 다 남의 덕입니다.

산행기간 내내 우리는 과분한 사랑을 받았습니다.

사는 동안 제가 세상에 진 빚을 다 갚을 수 없다면, 남은 빚은 아들이 대신 갚아 줄 수 있기를 소망합니다.

시인 정호승은 '봄길'이라는 시에서 이렇게 말했습니다.

길이 끝나는 곳에서도 길이 되는 사람이 있다.
스스로 봄길이 되어 끝없이 걸어가는 사람이 있다.

저는 아들에게 그런 아버지로 기억되고 싶습니다.